中國電商企業帳務實訓項目

雷佩垚 主編

前言

本書是中職電商專業的核心課程。該書以就業為導向，盡可能地使實訓內容與就業崗位接軌，最大限度地縮小課堂教學與實際工作的差距，力求培養具有必要的會計理論知識和較強的賬務實際操作能力的電商會計人才。

本教材在內容編排上，著重突出以下兩個特點：

一、內容實用，模擬性強

本教材以最新的《企業會計準則》《會計基礎工作規範》為依據，以重慶鯨咚電子商務有限責任公司（本教材所有企業名稱、人員姓名、稅號及帳號均為編者虛構）2015 年 12 月經濟業務為例，分手工賬務處理和電算化賬務處理兩大專案。項目一中所用的各種原始憑證，均是實際會計核算中使用的真實票據、賬表模擬製作而成。整個業務的操作流程，從最基礎的原始憑證的填制、記帳憑證的填制、各類帳簿的登記到會計報表的編制，操作性強，具有極強的適用性和模擬性。專案二以用友 T3 會計資訊化軟體為平台，結合電商企業案例，詳細介紹了系統管理初始化、基礎檔案設置、總帳管理系統應用、購銷存管理系統應用及報表管理。讓讀者在專案一和專案二的實訓過程中，真正地"動"起來，真實體驗和靈活掌握會計手工及電算化賬務的核算過程和核算方法。

二、語言淺顯易懂，圖文並茂

本書重點突出電商企業的業務範圍和工作流程，強化電商會計崗位的實際操作技能。教材語言表述精練，力求淡化理論、強化實踐、重視能力。在賬務處理的每一操作步驟中，能夠把較難理解的專業術語轉換成淺顯易懂的文字和具體形象的圖表形式，便於讀者理解和掌握。

由於編者水準有限，時間倉促，本教材中難免會出現錯誤和缺陷，懇請有關專家和教材使用者給予批評指正，以便進行修改和完善。

目錄

項目一　手工帳務實訓......................001
- 任務一　填制原始憑證......................002
- 任務二　審核原始憑證......................008
- 任務三　填制記帳憑證......................011
- 任務四　登記T型帳戶及編制科目匯總表......021
- 任務五　建賬及登記各類帳簿..............026
- 任務六　對賬及期末結帳....................047
- 任務七　編制會計報表......................051
- 任務七　編制會計報表......................057
- 任務九　賬務處理............................061

項目二　電算化賬務實訓......................065
- 任務一　系統管理初始化....................066
- 任務二　基礎檔案設置......................076
- 任務三　總帳管理系統初始化................087
- 任務四　購銷存管理系統初始化..............093

任務五　總帳管理系統日常業務處理..................102

任務六　購銷存管理系統日常業務處理.............107

任務七　期末業務處理.....................................119

附錄一　企業相關資訊及期初資料.............129

附錄二　企業相關資訊及期初資料.............141

附錄三　財務報表...................................177

項目一　手工帳務實訓

　　手工賬務處理專案以中國最新的《企業會計準則》和《會計基礎工作規範》為依據，根據企業實際賬務處理流程，從最基礎的填制原始憑證、審核原始憑證、填制記帳憑證、登記Ｔ型帳戶及編制科目匯總表、建賬及登記各類帳簿，到對賬及期末結帳、編制會計報表、裝訂會計憑證，每個任務都配有相應的操作示範圖，形象又具體，易掌握和接受。

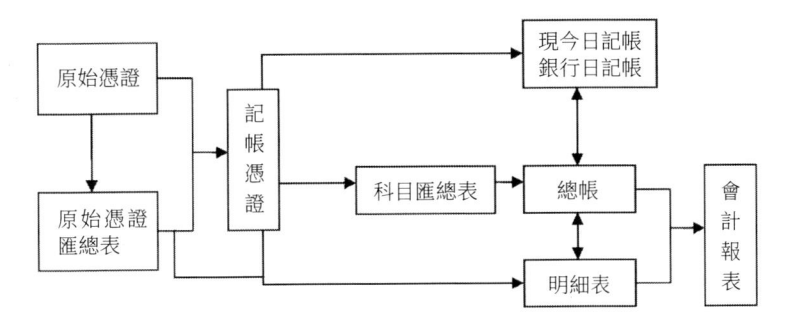

科目匯總表賬務處理常式圖

目標類型	目標要求
知識目標	(1) 能進行會計核算，熟悉會計科目核算內容並精准運用 (2) 能將相關財稅知識與企業經濟業務相結合
技能目標	(1) 會審核原始憑證 (2) 能正確填寫記帳憑證 (3) 會登記Ｔ型賬，能編制科目匯總表 (4) 會登記總分類帳及各類明細帳 (5) 能完成總帳、明細帳的核對，會期末結帳 (6) 能編制會計報表 (7) 會裝訂會計憑證 (8) 能對企業的經濟業務進行正確的賬務處理
情感目標	(1) 培養愛崗敬業、客觀公正、參與管理和服務社會的會計職業道德 (2) 培養判斷能力和分析解決問題的能力 (3) 培訓嚴謹地分析問題、解決問題的思維能力

任務一　填製原始憑證

任務目標

根據原始憑證記載的經濟業務，理解原始憑證的含義、作用和種類，掌握填製原始憑證的要求和方法。

任務分析

原始憑證是記錄經濟業務完成與否的重要憑證，也是填製記帳憑證的重要依據，不僅對於明確經濟責任有著重大作用，也是進行會計核算工作最具有法律效力的憑證。原始憑證填製是否規範，直接影響到記帳憑證的真實性和合法性。任務一以採購經濟業務為實例，從兩個方面闡述原始憑證填製的規範要求。

任務實施

一、原始憑證填製的基本要求

（1）真實可靠。即如實填寫經濟業務內容和數位，不弄虛作假，不塗改、挖補。

（2）內容完整。即應該填寫的專案要逐項填寫（接受憑證方應注意逐項驗明），不可缺漏，尤其需要注意的是：年、月、日要按照填製原始憑證的實際日期填寫；名稱要寫全不能簡化；品名或用途要填寫明確，不能含糊不清；有關經辦人員的簽章必須齊全。

（3）填製及時。即每當一項經濟業務發生或完成，都要立即填製原始憑證，做到不積壓、不誤時、不事後補製。

（4）書寫清楚。原始憑證上的數位和文字，要認真填寫，做到字跡清晰，整齊和規範，易於辨認。不得使用未經國務院公佈的簡化漢字。一旦出現書寫錯誤，不得隨意塗改、刮擦、挖補，應按規定辦法更改。有關貨幣資金收付的原始憑證，如果填寫錯誤，不允許在憑證上進行更改，只能加蓋"作廢"戳記，重新填寫，以免錯收錯付。

（5）順序使用。即收付款項或實物的憑證要按順序或分類編號，在填制時按照編號的次序使用，跳號的憑證應加蓋"作廢"戳記，不得撕毀。

二、原始憑證填制的附加要求

（1）從外單位取得的原始憑證，必須蓋有填制單位的發票專用章或財務專用章（或公章等）；從個人處取得的原始憑證，必須有填制人員的簽名或者蓋章。自製原始憑證必須有經辦部門負責人或其指定的人員的簽名或者蓋章；對外開具的原始憑證必須加蓋本單位具有法律效力和規定用途的公章，即能夠證明單位身份和性質的印鑒，如業務公章、財務專用章、發票專用章、收款專用章等。

（2）凡填有大寫和小寫金額的原始憑證，大寫與小寫的金額必須相符，符合書寫規範。

（3）購買實物的原始憑證，必須有驗收證明。實物購入以後，要按照規定辦理驗收手續，這有利於明確經濟責任，保證賬實相符，防止盲目採購，避免物資短缺和流失，會計人員通過有關原始憑證進行監督檢查。需要入庫的實物，必須填寫入庫驗收單，由倉庫保管人員在入庫驗收單上如實填寫實收數額，並簽名或蓋章。不需要入庫的實物，由經辦人員在憑證上簽名或蓋章以後，必須交由實物保管人員或使用人員進行驗收，並由實物保管人員或使用人員在憑證上簽名或蓋章。經過購買人以外的第三者查證核實以後，會計人員才能據以報銷付款並做進一步會計處理。

（4）一式幾聯的原始憑證，必須用雙面複寫紙套寫或本身具備複寫功能；必須注明各聯的用途，並且只能以一聯用作報銷憑證；必須連續編號，作廢時應加蓋"作廢"戳記，連同存根一起保存。

（5）職工因公出差借款應填寫正式借款單據，附在記帳憑證之後。職工借款時，應由本人填制借款單，經審核並簽名或蓋章，然後辦理借款。借款單據是此項借款業務的原始憑證，在收回借款時，應當另開收據或者退還借款單據的副本，不得退還原借款單據。

經上級有關部門批准的經濟業務，應當將批准檔作為原始憑證附件。如果批准檔需要單獨歸檔的，應當在憑證上注明批准機關名稱、日期和檔字型大小。填制原始憑證示例如圖 1-1-1 至圖 1-1-5。

费用报销单

报销部门：采购部　　2015年12月1日填　　单据及附件共 3 页

用途	金额（元）	备注
购电脑1台	￥6552.00	请付供应商公司账号。田晶 2015.12.1
合计	￥6552.00	领导审批：同意。张三 2015.12.1

金额大写：肆万陆仟伍佰伍拾贰元零角零分　　原借款：　元　　应退余款：　元

会计主管：郑苑 12.1　　复核：　　出纳：肖蜀　　报销人：包鑫　　领款人：

图 1-1-1　费用报销单

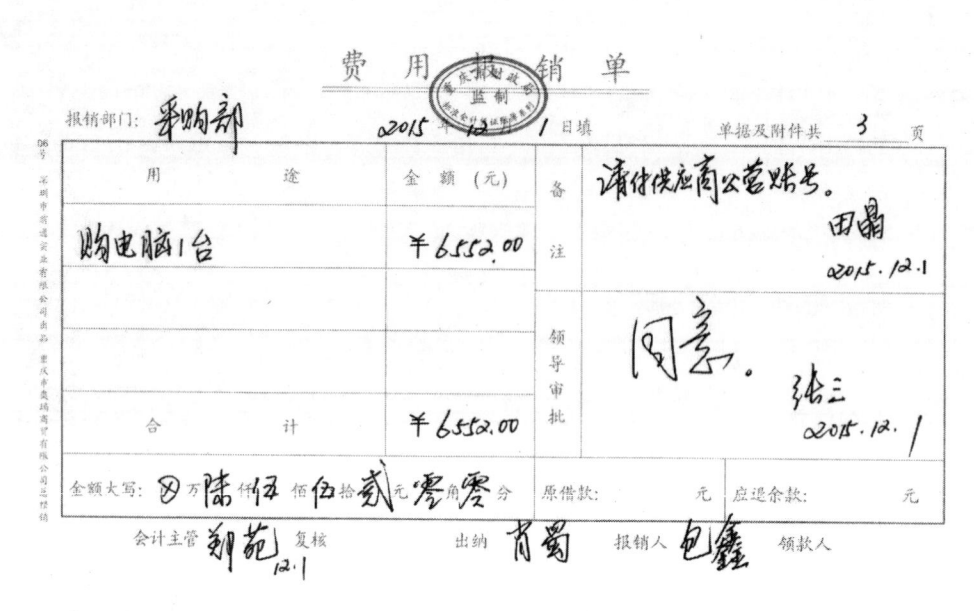

5000114141　　　　重庆增值税专用发票（模拟）　　　　No 01817380

开票日期：2015年12月01日

购货单位	名　称：重庆鲸咚电子商务有限责任公司	密码区	**8)/*9*01)22+ **8)/*7*01)33*+ **8)/*9*01)22*+ **8)/*0*01)11*+
	纳税人识别号：500109203X88999		
	地址、电话：重庆市北碚区同兴北路116-2号　023-888899X9		
	开户行及账号：中国建设银行重庆北碚支行500010936000508889X9		

货物或应税劳务名称	规格型号	单位	数量	单价	金额	税率	税额
电脑	HR704	台	1	5600.00	5600.00	17%	952.00
合计					￥5600.00		￥952.00

价税合计（大写）：⊕陆仟伍佰伍拾贰元整　　（小写）￥6552.00

销货单位	名　称：重庆惠仁有限公司
	纳税人识别号：500109XXX111112
	地址、电话：重庆市北碚区东路5号　023-699999X1
	开户行及账号：中国建设银行重庆北碚支行500010936000502222X1

收款人：　　复核：　　开票人：XXX　　销货单位：（章）

图 1-1-2　重庆增值税专用发票 1

项目一　手工帳務實訓

重庆增值税专用发票(模拟)

5000114141　　　　　　　　　　　　　　　　　　　　No 01817380

开票日期：2015年12月01日

购货单位	名　　称：重庆鲸咚电子商务有限责任公司 纳税人识别号：500109203X88999 地址、电话：重庆市北碚区同兴北路116-2号　023-888899X9 开户行及账号：中国建设银行重庆北碚支行500010936000508889X9	密码区	**8)/*9*01>22+ **8)/*7*01>33*+ **8)/*9*01>22*+ **8)/*0*01>11*+

货物或应税劳务名称	规格型号	单位	数量	单价	金额	税率	税额
电脑	HR704	台	1	5600.00	5600.00	17%	952.00
合计					￥5600.00		￥952.00

价税合计(大写)	⊕陆仟伍佰伍拾贰元整	(小写)￥6552.00

销货单位	名　　称：重庆惠仁有限公司 纳税人识别号：500109XXX111112 地址、电话：重庆市北碚区东路5号　023-699999X1 开户行及账号：中国建设银行重庆北碚支行500010936000502222X1

收款人：　　　　　复核：　　　　　开票人：XXX　　　　　销货单位：(章)

图1-1-3　重慶增值稅專用發票2

入　库　单

供货单位：重庆惠仁有限公司　　　　　　　　　　　2015年12月01日

编号	种类	产品名称	型号	规格	入库数量	单位	单价	成本金额							
								百	十	万	千	百	十	元	角	分
1	资产	电脑	HR704		1	台	5600.00				5	6	0	0	0	0
合计：⊕佰⊕拾⊕万伍仟陆佰零拾零元零角零分							￥				5	6	0	0	0	0

负责人：　　　　记账：胡悦　　　　收货：赵懿　　　　填单：包鑫

图1-1-4　入庫單

中国建设银行客户专用回单

转账日期:2015年12月01日　　　　　　　　　凭证字号:201512013011201

```
支付交易序号:47173361  包发起清算行行号:115653007002  交易种类:BEPS 贷记
接收行名称:中国建设银行重庆北碚支行
收款人账号:500010936000502222X1
收款人名称:重庆惠仁有限公司
发起行名称:中国建设银行重庆北碚支行       中国建设银行重庆北碚支行
汇款人账号:500010936000508889X9              2015.12.01
汇款人名称:重庆鲸咚电子商务有限责任公司      办讫章
货币符号、金额:CNY6,552.00                     (4)
大写金额:人民币陆仟伍佰伍拾贰元整
附言:货款
第1次打印                            打印日期:20151201
```

作付款回单(无银行办讫章无效)　　　　复核　　　　记账

图1-1-5　中国建设银行汇兑来账凭证

相關知識

(1) 原始憑證真偽的辨別能力。

(2) 稅法、會計法常識。

任務評價

表 1-1-1　填制原始憑證評價表

評價內容	評價標準	分值	學生自評	老師評估
原始憑證內容齊全	各項目要逐項填寫，不可缺漏；單位名稱應該是規範的全稱，不能簡化；品名或用途明確，不能含糊不清；有關經辦人員的簽章，必須齊全，清晰可認	25 分		
原始憑證書寫規範	字跡清晰，整齊規範，易於辨認。不得使用未經國務院公佈的簡化漢字	20 分		
原始憑證金額相符	大小寫金額相符，大寫金額使用規範漢字	20 分		
原始憑證附件完整	根據不同的經濟業務的要求，附件完整	20 分		
情感評價	安全意識 法制意識 責任意識 自主學習能力 獨立思考能力 團結協作能力 吃苦耐勞 心理健康	15 分		

學習體會：

任務二　審核原始憑證

任務目標

審核無誤的原始憑證才能作為填制記帳憑證的依據。根據填制的原始憑證，瞭解不同原始憑證應附的憑據及適用的經濟業務範圍，學會審核原始憑證。

任務分析

對不真實、不合法的原始憑證，會計有權不予受理。對記載不準確、不完整的原始憑證有權予以退回，並要求經辦人按照國家統一的會計制度進行更正、補充。從原始憑證的真偽，發票、報銷單據及附件的填寫是否規範、完整著手，審核原始憑證的真實、有效性。

任務實施

一、查詢票據的真偽

根據票據代碼及號碼，在 http://fapiao.youshang.com（友商發票查詢系統）上查詢票據的真偽。重慶市的發票可以在重慶市國家稅務局或重慶市地方稅務局專網上查詢發票的真偽。

注：本書中的發票為教學用類比發票，在系統裡不能查詢。

二、票據及附件的填寫規範要求

1. 發票的填寫規範要求

（1）購貨單位元資訊欄務必與企業實際資訊相符，不能增一字或減一字。

（2）商品名稱規範，數量、單價等要素齊全。

(3) 發票時間由系統自動提取，商品交易真實有效。

(4) 大寫小寫金額一致，小寫金額前需加"￥"符號。

(5) 開票人有署名，並加蓋單位發票專用章。

2. 附件的填寫規範要求（如表 1-1-1）

如入庫單的填寫，採購員將貨物名稱、數量及入庫時間準確填寫在入庫單據上。庫管驗收入庫後簽字，保存庫房聯登記商品明細帳，並將財務記帳聯傳遞至會計記帳。

三、報銷單的填寫規範要求（如圖 1-1-1）

(1) 時間、用途填寫規範。

(2) 大寫小寫金額一致，小寫金額前需加"￥"符號。

(3) 票據附件完整，有經辦人及其對應部門負責人的簽字。

(4) 報銷人署名清晰可認。

(5) 有財務科負責人及付款審批許可權的單位負責人簽字確認。

四、原始憑證附件的要求

(1) 採購業務附件要求：進項發票的發票聯及抵扣聯、入庫單、報銷單據及付款憑據等。

(2) 銷售業務附件要求：銷售發票的記帳聯、出庫單、報銷單據及收款憑據等。

(3) 差旅報銷附件要求：差旅報銷單，即時的車票、船票、機票及住宿發票等。

(4) 費用報銷附件要求：費用報銷單據、費用發票等。

相關知識

(1) 原始憑證審核程式。

(2) 公司報銷制度。

任務評價

表 1-2-1　審核原始憑證評價表

評價內容	評價標準	分值	學生自評	老師評估
原始憑證的真實性	日期真實、業務內容真實、資料真實等	15 分		
原始憑證的合法性	經濟業務符合國家有關政策、法規、制度的規定，無違法亂紀等行為	25 分		
原始憑證的正確性	數位清晰，文字工整，書寫規範，憑證聯次正確，無刮擦、塗改和挖補等	25 分		
原始憑證的完整性	原始憑證的內容及附件齊全，包括：無漏記專案，日期完整，有關簽章齊全，涉及出入庫的，辦理了出入庫手續等	20 分		
情感評價	安全意識 法制意識 責任意識 自主學習能力 獨立思考能力 團結協作能力 吃苦耐勞 心理健康	15 分		

學習體會：

任務三　填制記帳憑證

任務目標

記帳憑證是登記帳簿、編制財務報表的依據。理解記帳憑證的作用和種類，掌握填制記帳憑證的方法。

任務分析

記帳憑證是會計人員根據審核後的原始憑證進行歸類、整理，並根據經濟業務確定會計科目而編制的。會計人員必須熟知各個會計科目的核算內容，並能在不同經濟業務中靈活運用。會計根據出納傳遞過來的原始憑證，能正確填制記帳憑證。

任務實施

一、規範填制記帳憑證

（1）根據審核無誤的原始憑證填制記帳憑證日期，以財務科受理經濟業務事項的日期為記帳憑證日期（年，月，日應寫全）。付款憑證一般以財務科付出現金或開出銀行付款結算憑證的日期填寫；現金收款憑證應當填寫收款當日的日期；銀行存款收款憑證實際收款日期可能和收到該憑證的日期不一致，則按填制收款憑證的日期填寫；但月末計提、費用分配、成本計算、轉帳等業務，所填日期應當填寫當月最後一日的日期。

（2）摘要應簡明扼要，說明經濟業務性質。

（3）按照會計制度的統一規定，正確填制會計科目、編制會計分錄。填制會計科目時，應先填寫借方科目，再填寫貸方科目，且應當填寫會計科目的全稱和子目甚至細目。記帳憑證中所編制的會計分錄一般應是一借一貸或多借一貸，避免因多借多貸而帶來帳戶的對應關係不清。對於一些特殊業務，只有多借多貸才能說明來龍去脈的，應按多借多貸填寫一張記帳憑證，而不能將其拆開。不得將不同內容和類別的經濟業務匯總填制在一張記帳憑證上。

（4）記帳憑證的金額必須與原始憑證的金額相符；阿拉伯數字應書寫規範，並填至分位；相應的數字應平行對準相應的借貸欄次和會計科目的欄次，防止錯欄串列；合計行填寫合計金額時，應在金額最高位數值前填寫人民幣"￥"字元號，以示金額封口，防止篡改。

（5）附件張數，按所附原始憑證的自然張數計算填寫；有原始憑證匯總表的附件，可將原始憑證匯總表張數作為記帳憑證的附件張數，再把原始憑證作為原始憑證匯總表的附件張數處理（收付款業務除外）；對於汽車票、火車票等外形較小的原始憑證，可粘貼在"憑證粘貼單"上，作為一張原始憑證附件。但在粘貼單上應注明所粘貼原始憑證的張數和金額。

（6）記帳憑證應按行次逐筆填寫，不得跳行或留有空行。填制完經濟業務事項後，如有空行，應當自最後一筆金額數字下空格的右上角處至最底一行的左下角處畫一條對角斜線註銷。

（7）記帳憑證應按月編號。當企業採用通用記帳憑證時，記帳憑證的編號可以採用順序編號，即每月都應按經濟業務順序從 1 號開始，統一編號。當企業採用專用記帳憑證時，則採用"字型大小編號法"。"字"的兩種編號方法：分收款、付款、轉帳業務三類按順序編號；分現收、銀收、現付、銀付和轉帳業務五類按順序編號。"號"的編法有整數編號法和分數編號法兩種：一筆或幾筆同類經濟業務編一張記帳憑證時，用整數編號法順序編號；一筆經濟業務需在兩張或兩張以上的同類記帳憑證上共同反映時，應採用分數編號法。

（8）記帳憑證填制完成後，一般應由填制人員、審核人員、會計主管人員、記帳人員分別簽名蓋章，以示其經濟責任，並使會計人員互相制約，互相監督，防止錯誤和舞弊行為的發生。收款憑證和付款憑證還應由出納人員簽名蓋章，以證明款項已收訖或付訖。

二、正確填制記帳憑證

（1）必須以審核無誤的原始憑證為依據。除結帳和更正錯賬的記帳憑證可以不附原始憑證外，其餘記帳憑證必須附有原始憑證。

（2）在填制記帳憑證時，可以根據一張原始憑證填制記帳憑證，也可以根據若干張同類原始憑證匯總填制記帳憑證，還可以根據原始憑證匯總表填制記帳憑證。

記帳憑證填寫示例如圖 1-3-1。

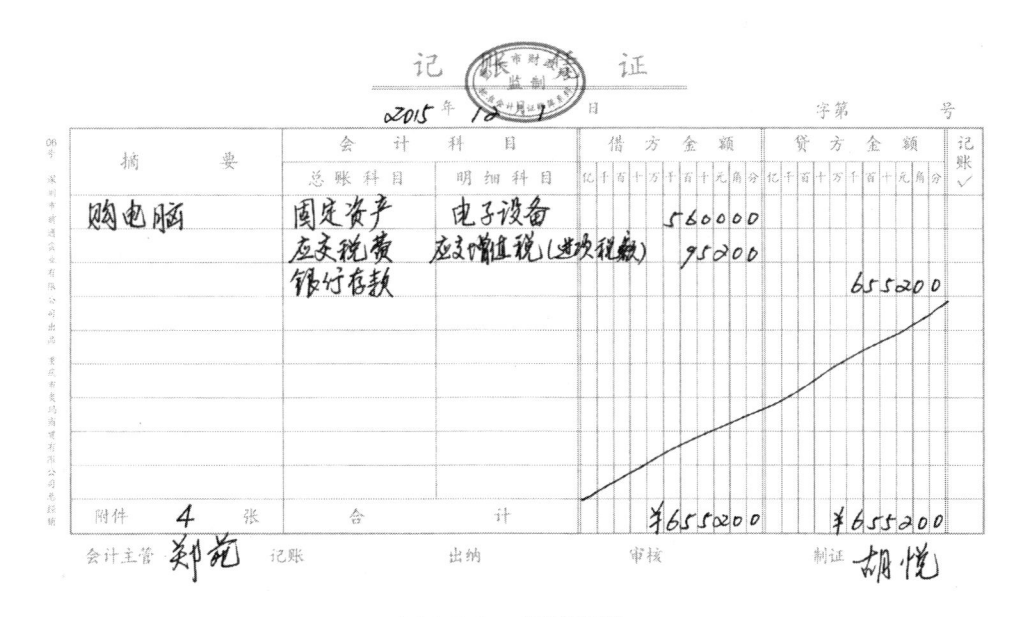

圖 1-3-1　記帳憑證

三、企業日常經濟業務賬務處理

1. 採購業務

根據採購合同、採購發票、付款憑證、運費單據、驗收單等原始單據編制記帳憑證。

（1）未付款時。

借：庫存商品

　　應交稅費——應交增值稅（進項稅額）

　　貸：應付帳款（應付票據）

（2）付款時。

借：應付帳款

　　貸：銀行存款（庫存現金或其他貨幣資金）

說明：採購過程中發生的運費等雜費計入庫存商品成本，一般納稅人運費發票的增值稅進項稅額允許抵扣，小規模納稅人運費發票的增值稅進項稅額計入所購商品成本。

（3）票到貨未到時。

①發票等相關單據到時。

借：在途物資

　　應交稅費——應交增值稅（進項稅額）

　　貸：應付帳款（應付票據或銀行存款等）

②貨物驗收入庫後。

借：庫存商品

　　貸：在途物資

2. 銷售業務

根據顧客訂單、銷售發票、出庫單、發運憑證、收款憑證等原始憑證編制記帳憑證。

（1）發出商品時。

借：發出商品

　　貸：庫存商品

（2）賒銷時的賬務處理。

①確認銷售收入時。

借：應收賬款

　　貸：主營業務收入

　　應交稅費——應交增值稅（銷項稅額）

②收到賒銷貨款時。

借：銀行存款等

　　貸：應收賬款

（3）現銷時的賬務處理。

借：銀行存款等

　　貸：主營業務收入

　　應交稅費——應交增值稅（銷項稅額）

（4）銷售成本結轉。

借：主營業務成本

　　貸：發出商品

（5）已經確認的銷售收入，退回時做與銷售時相反的賬務處理。

借：應收賬款或（銀行存款）　　（紅字）

　　貸：主營業務收入　　　（紅字）

　　應交稅費——應交增值稅（銷項稅額）（紅字）若成本已經結轉，還需要衝銷銷售成本。

借：庫存商品

　　貸：主營業務成本

3.日常經濟業務的處理

借：管理費用

　　銷售費用

　　財務費用

　　貸：銀行存款等

4.薪酬業務

根據工資表進行薪酬業務的核算。

（1）工資表的編制。

表1-3-1　工資表

序號	姓名	部門	基本工資	加班費	獎金	補貼	應發工資	代扣項目							實發工資	簽名
								醫療險	養老險	失業險	公積金	個稅	工會費	其他	合計		

（2）計提工資。

根據職工提供服務的受益物件，將應確認的職工薪酬（包括貨幣性薪酬和非貨幣性福利）計入相關成本或當期損益，並確認"應付職工薪酬"。

借：管理費用——工資及福利費

　　銷售費用——工資及福利費

　　　貸：應付職工薪酬——工資

（3）單位承擔保險費的計提。

借：管理費用——社會保險

　　銷售費用——社會保險

　　　貸：應付職工薪酬——社會保險

（4）發放工資。

在應發工資中，扣除職工個人應承擔的社會保險、個人所得稅等代扣款項，將實付金額發至職工。

借：應付職工薪酬——工資

　　　貸：庫存現金（銀行存款）

　　　應付職工薪酬——社會保險應交稅費——應交個人所得稅

（5）交納社會保險等。

借：應付職工薪酬——社會保險（各類社會保險）

　　應交稅費——應交個人所得稅

　　　貸：銀行存款

5. 稅金的計提

一般企業按月申報的稅種：增值稅、消費稅、城建稅、教育費附加、地方教育費附加及個人所得稅等。

一般企業按季申報的稅種：印花稅、企業所得稅等。

一般企業按年申報的稅種：車船使用稅、房產稅等。

（1）應交增值稅的計提與繳納。

①增值稅一般納稅人。

當月應交增值稅＝當月銷項稅額－當月進項稅額－上月留底稅額＋進項稅額轉出

計提時：

借：應交稅費——應交增值稅（轉出未交增值稅）

　　　貸：應交稅費——應交增值稅（未交增值稅）

或：

借：應交稅費——應交增值稅（轉出未交增值稅）

　　貸：應交稅費——未交增值稅

繳納時（當月的稅金次月繳納）：

借：應交稅費——應交增值稅（已交稅額）

　　貸：銀行存款

②小規模納稅人。

當月應交增值稅＝銷售額 × 徵收率

（因小規模納稅人實行按銷售額與徵收率 3% 計算應納稅額的簡易辦法，故其所有購進的增值稅發票的進項不能抵扣，其稅額計入所購商品的成本。）

小規模納稅人不設置三級明細科目，每月不計提增值稅，根據當月實際銷項稅額合計金額交納。

借：應交稅費——應交增值稅

　　貸：銀行存款

（2）附加稅的計提與繳納。

城建稅＝（增值稅＋營業稅＋消費稅）×7%

（城建稅稅率根據納稅人所在地區適用不同的稅率：市區適用 7%，縣城、建制鎮適用 5%，其他地區適用 1%，此書以稅率 7% 為例。）

教育費附加＝（增值稅＋營業稅＋消費稅）×3%

地方教育費附加＝（增值稅＋營業稅＋消費稅）×2%

計提時：

借：營業稅金及附加

　　貸：應交稅費——應交城建稅

　　　　應交稅費——應交教育費附加

　　　　應交稅費——應交地方教育費附加

繳納時：

借：應交稅費——應交城建稅

　　應交稅費——應交教育費附加

　　應交稅費——應交地方教育費附加

　　貸：銀行存款

（3）印花稅的計提與交納。

納稅人購買了印花稅票，應將印花稅票粘貼在應納稅的帳簿或權利證書上，並由納稅人在每枚稅票的騎縫處蓋戳註銷或者畫兩條橫線註銷。登出標記應與騎縫處相交。已貼用的印花稅票不得重複使用。

購銷合同核定徵收：每季應交印花稅＝（當季銷售收入金額×100%＋當季原材料採購金額×70%）×0.3‰

計提時：

借：管理費用——印花稅

　　貸：應交稅費——應交印花稅

繳納時：

借：應交稅費——應交印花稅

　　貸：銀行存款

直接購買印花稅票時：

借：管理費用——印花稅

　　貸：庫存現金（銀行存款）

（4）企業所得稅。

每季應納稅所得額＝主營業務收入＋其他業務收入＋營業外收入＋投資收益＋補貼收入－主營業務成本－其他業務成本－營業稅金及附加－資產減值損失－管理費用－銷售費用－財務費用－營業外支出

每季應納所得稅額＝每季應納稅所得額×25%

說明：上述指標為當季金額之和，每季應納稅所得額為負數時不計提，一般月末結轉所有的損益類科目後再計提企業所得稅。

計提時：

借：所得稅費用

　　貸：應交稅費——應交企業所得稅

同時結轉：

借：本年利潤

　　貸：所得稅費用

繳納時：

借：應交稅費——應交企業所得稅

　　貸：銀行存款

6. 月末賬務處理

（1）結轉成本費用類科目。

借：本年利潤

　　貸：主營業務成本

　　　　其他業務成本

　　　　管理費用

　　　　銷售費用

　　　　財務費用

　　　　營業稅金及附加

　　　　資產減值損失

　　　　營業外支出

（2）結轉收入類科目。

借：主營業務收入

　　其他業務收入

　　營業外收入

　　貸：本年利潤

7. 年末賬務處理

（1）若本年利潤為貸方餘額。

借：本年利潤

　　貸：利潤分配——未分配利潤

（2）若本年利潤為借方餘額。

借：利潤分配——未分配利潤

　　貸：本年利潤

相關知識

（1）會計科目的核算內容。

（2）會計科目在經濟業務中的運用。

（3）會計科目子目及明細科目的設置。

任務評價

表 1-3-2　填制記帳憑證評價表

評價內容	評價標準	分值	學生自評	老師評估
記帳憑證要素齊全	各要素應逐項填寫,時間、憑證編號、摘要科目、金額及會計主管、記帳、審核、出納、制單等有關人員的簽章,不可缺漏	25分		
記帳憑證科目規範	字跡清晰,整齊規範,易於辨認。科目名稱應該是規範的全稱,不能簡化。不得使用未經財政部公佈的科目,科目的級次應填寫至子目和明細科目	30分		
記帳憑證金額相符	原始憑證與記帳憑證金額相符。記帳憑證借貸方金額相等	20分		
記帳憑證附件完整	根據不同的經濟業務的要求,附件完整	10分		
情感評價	安全意識 法制意識 責任意識 自主學習能力 獨立思考能力 團結協作能力 吃苦耐勞 心理健康	15分		

學習體會:

任務四　登記T型帳戶及編制科目匯總表

任務目標

T型帳戶是科目匯總的一種方法。掌握T型帳戶的登記方法，並能正確編制科目匯總表和試算平衡。

任務分析

T型帳戶的登記與科目匯總表的編制，是根據借貸記帳法的基本原理，在T型帳戶上分科目逐筆登記借方發生額和貸方發生額，並以此編制科目匯總表，再登記總帳的賬務處理常式。以任務九中企業的經濟業務為實例，登記"庫存現金""應收賬款"的T型帳戶，並編制重慶鯨咚電子商務有限責任公司2015年12月的科目匯總表。

任務實施

一、T型帳戶的登記

（1）編制T型匯總表。做法是設計一張草表，將所匯總記帳憑證涉及的會計科目按一定順序列示出T型簡易帳戶，再將總分類帳帳戶的期初餘額過入各科目對應的方向。

（2）按記帳憑證編號順序，在T型帳戶中逐筆登記相應帳戶的借方發生額或貸方發生額。

（3）登記完畢後，將各帳戶登記金額按借、貸方向相加，得出各帳戶匯總期內的借方發生合計金額和貸方發生合計金額。

（4）登記完畢，結出T型帳戶每個科目的餘額。

（5）庫存現金、應收賬款T型帳戶示例如圖1-4-1。

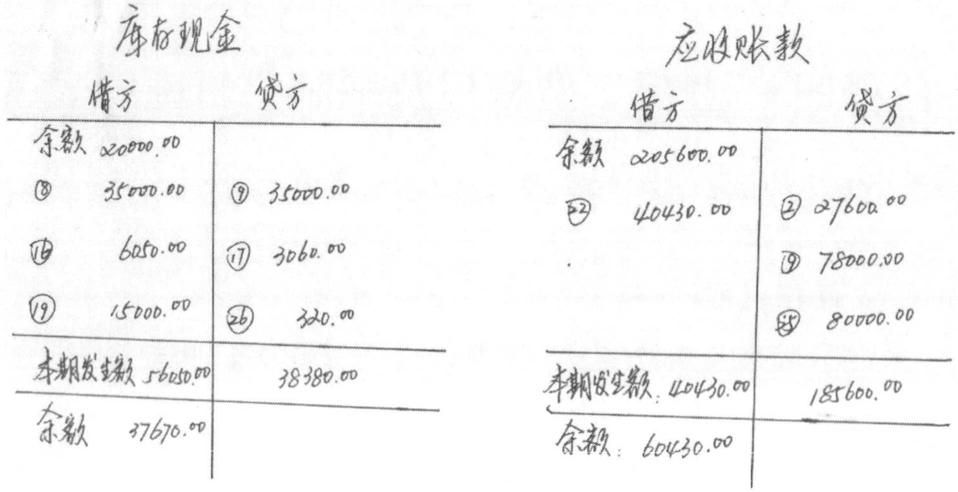

圖 1-4-1　庫存現金、應收賬款 T 型帳戶

二、科目匯總表編制

(1) 科目匯總表的日期除按日匯總外，應寫期間數，如 × 年 × 月 × 日至 × 日。科目匯總表根據企業經濟業務的多少編制，可以一月編一次，也可以按 10 天（或 15 天）編一次。

(2) 科目匯總表編號一般按年填寫順序號。年初第一張為“科匯：1”，第二張為“科匯：2”，以此類推。月末應將本月多張科目匯總表金額累計匯總。

(3) 若企業按收、付、轉編號，憑證號應為：收 × 號 -× 號，付 × 號 -× 號，轉 × 號 -× 號，通用憑證則為記 × 號 -× 號，注明本科目匯總表所匯總的記帳憑證的起訖號數。

(4) 會計科目名稱排列應與總帳順序保持一致，以方便記帳。

(5) 把匯總草表各 T 型帳戶所登記的借貸方發生額的合計金額準確填入科目匯總表內相應會計科目的同一方向欄內。

(6) 將每一會計科目的匯總金額填入匯總表後，應分別加總計算全部會計科目的借方發生額合計和貸方發生額合計，並填入表中最末行合計欄內。

科目匯總表試算平衡：期初餘額的借方＝期初餘額的貸方，本期發生額的借方＝本期發生額的貸方，期末餘額的借方＝期末餘額的貸方。科目匯總表示例如表 1-4-1。

表 1-4-1　科目匯總表

單位：元

科目	期初借方餘額	期初貸方餘額	本期借方發生額	本期貸方發生額	期末借方餘額	期末貸方餘額
庫存現金	20000.00		56050.00	38380.00	37670.00	
銀行存款	325600.68		456923.00	351751.31	430772.37	
其他貨幣資金			98280.00	98280.00		
應收賬款	205600.00		40430.00	185600.00	60430.00	
其他應收款	12000.00				12000.00	
庫存商品	15150.00		159000.00	160897.09	13252.91	
固定資產	1128500.00		5600.00		1134100.00	
累計折舊		296908.91		12909.09		309818.00
在建工程						
短期借款		200000.00				200000.00
應付帳款		123000.00	50000.00	87750.00		160750.00
其他應付款		49230.00	24000.00			25230.00
應付職工薪酬		26301.92	126677.87	131357.87		30981.92
應交稅費		8792.29	57449.72	80521.35		31863.92
應付利息		3000.00				3000.00
實收資本		800000.00				800000.00
本年利潤		137508.36	403408.36	265900.00		
利潤分配		62109.20		52472.24		114581.44
商品銷售收入			265900.00	265900.00		
商品銷售成本			160897.09	160897.09		
銷售費用			55370.88	55370.88		
營業稅金及附加			2066.52	2066.52		
所得稅			12117.66	12117.66		
管理費用			120483.97	120483.97		
合計	1706850.68	1706850.68	2094655.07	2094655.07	1676225.28	1676225.28

相關知識

（1）賬務處理常式。

（2）T型帳戶、科目匯總表、總帳及會計報表資料間的鉤稽關係。

任務評價

表1-4-2　登記T型帳戶評價表

評價內容	評價標準	分值	學生自評	老師評估
期初餘額	T型帳戶期初餘額與總帳期初金額一致	20分		
發生額	T型帳戶借、貸方發生額與記帳憑證借、貸方發生額核對無誤，合計金額計算正確	35分		
期末餘額	期末餘額的借方和貸方方向正確，金額計算無誤	30分		
情感評價	安全意識 法制意識 責任意識 自主學習能力 獨立思考能力 團結協作能力 吃苦耐勞 心理健康	15分		

學習體會：

表1-4-3　編制科目匯總表評價表

評價內容	評價標準	分值	學生自評	老師評估
期初餘額	科目匯總表期初餘額與總帳期初金額一致	20分		
發生額	科目匯總表借、貸方發生額與T型帳戶各科目的借、貸方發生額核對無誤,借、貸方合計金額相等	35分		
期末餘額	期末餘額的借方和貸方方向正確,金額計算無誤	30分		
情感評價	安全意識 法制意識 責任意識 自主學習能力 獨立思考能力 團結協作能力 吃苦耐勞 心理健康	15分		

學習體會:

任務五　建賬及登記各類帳簿

任務目標

會計人員根據審核無誤的記帳憑證，登記日記帳、總帳及各類明細分類帳，是確保會計資訊品質的重要措施和編制會計報表的依據。要求能掌握各類帳簿的登記要求和方法。

任務分析

帳簿是考核經營成果，加強經濟核算，分析經濟活動的重要依據，為企業的經營管理提供系統與完整的會計歷史資料。以任務九中的經濟業務為實例，填寫帳簿啟用表，登記總帳、固定資產明細帳、數量單價金額式賬、多欄式賬、三欄式賬、應交稅費。
——應交增值稅明細帳及日記帳

任務實施

一、帳簿啟用表的填寫

適用於總分類帳帳簿及各明細分類帳帳簿，後面不再重複。

（1）準確填寫單位名稱、帳簿名稱、啟用日期及移交日期。

（2）記帳人員、會計負責人簽字並蓋章。

（3）粘貼印花稅票，並註銷。

（4）加蓋單位公章。

（5）記帳人員工作變動時，應填寫交接日期，交接雙方及監交人均須簽名或蓋章。填寫示例如圖 1-5-1。

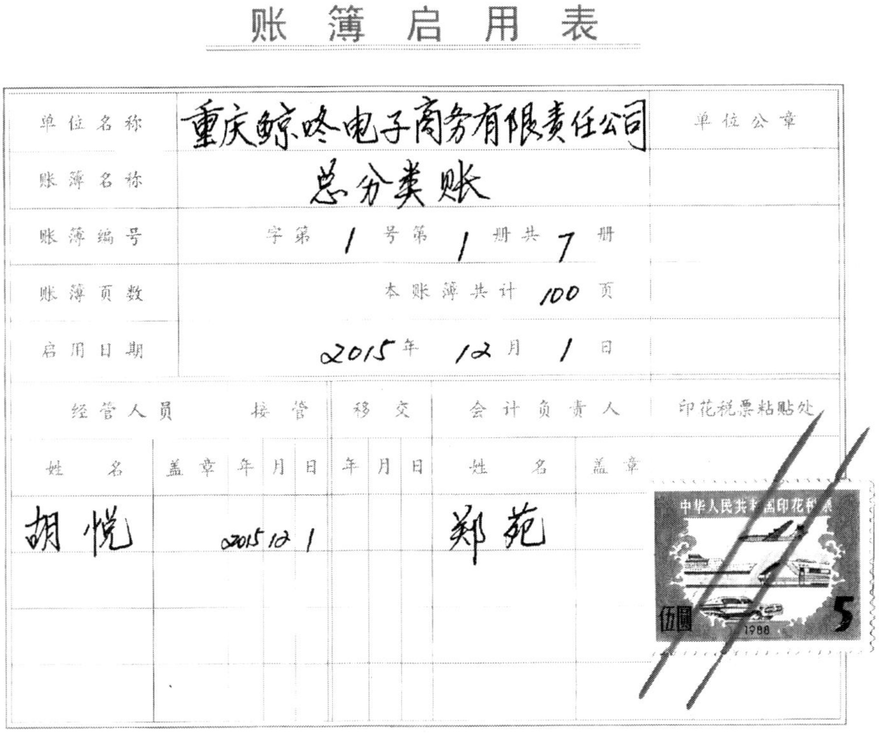

账簿启用表

单位名称	重庆鲸咚电子商务有限责任公司				单位公章
账簿名称	总分类账				
账簿编号	字第 1 号第 1 册共 7 册				
账簿页数	本账簿共计 100 页				
启用日期	2015 年 12 月 1 日				
经管人员	接管	移交	会计负责人		印花税票粘贴处
姓名	盖章 年 月 日	年 月 日	姓名	盖章	
胡悦	2015 12 1		郑苑		

圖 1-5-1　帳簿啟用表

二、帳簿登記的相關要求

（1）啟用帳簿或調換記帳人員時，應在帳簿啟用表封面內逐項填記有關事項。

（2）會計帳簿必須根據審核無誤的記帳憑證序時、逐筆地進行登記。登記時，會計憑證日期、編號、業務內容摘要、金額和其他有關資料需逐項登記，做到字跡工整、數字準確，摘要簡明扼要，登記及時。登記完畢後，記帳人員應在記帳憑證上注明“√”符號，並在記帳憑證上簽名或者蓋章，表示已經登記入帳。

（3）登記帳簿要用藍黑墨水或者碳素墨水書寫，不得使用圓珠筆（銀行的複寫帳簿除外）或者鉛筆書寫。帳簿中書寫的文字和數位應緊靠行格的底線書寫，約佔全行格的 2/3 或 1/2，數位排列要均勻，數位要對正。便於發生登記錯誤時，能比較容易地進行更正。

（4）特殊記帳使用紅墨水。

按照紅字沖帳的記帳憑證，沖銷錯誤記錄。

在不設借貸等欄的多欄式賬頁中，則用紅字登記減少金額。

在三欄式帳戶的餘額欄前，如未印明餘額方向的，在餘額欄內登記負數餘額。畫更正線、結帳線和註銷線。

沖銷銀行存款日記帳時，用紅字登記支票號碼，進行沖銷。

當銷售貨物發生退回時，則用紅字沖減已入帳的該筆貨物銷售收入和銷售成本。根據國家統一會計制度的規定可以用紅字登記的其他會計記錄。

（5）帳簿按日期順序連續登記，不得跳行、隔頁。如果發生跳行、隔頁，應當將空行、空頁畫線註銷，或者注明"此行空白""此頁空白"字樣，並由記帳人員簽名或蓋章。

（6）帳簿登記不得刮擦、挖補、塗抹或用褪色藥水更改字跡。發生錯誤時，應該按照畫線法進行更正。

登記帳簿發生錯誤將需要改正的字體用紅色筆劃去重新更正，如果是帳簿登記發生錯誤，應當將錯誤的文字或者數字畫紅線登出，但必須使原有的字跡仍可辨認，然後在畫線上方填寫正確的文字或數位，並由記帳人員在更正處蓋章。對於錯誤的數位，應當將整個數位全部畫紅線更正，不得只更正錯誤的數位；對於錯誤的文字，可只劃去錯誤的部分；對於記帳憑證錯誤而使帳簿記錄發生錯誤，應當首先更正記帳憑證，然後再按更正的記帳憑證登記帳簿。

（7）每一賬頁登記完畢結轉下頁時，應當結出本頁合計數及餘額，寫在本頁最後一行和下頁第一行有關欄內，並在摘要欄內注明"過次頁"和"承前頁"字樣。"過次頁"和"承前頁"的方法有兩種：一是在本頁最後一行內結出發生額合計數及餘額，然後"過次頁"並在次頁第一行摘要填寫"承前頁"；二是只在次頁第一行摘要填寫"承前頁"並寫出發生額合計數及餘額，不在上頁最後一行結出發生額合計數及餘額後"過次頁"。

對需要月結的帳戶，結計過次頁的本頁合計數應當為自本月初起至本頁末止的發生額合計數。對需要年結的帳戶，結計過次頁的本頁合計數應當為自本年初起至本頁末止的累計數，年終結帳時，加計"本年累計"數。對既不需要月結也不需要年結的帳戶，可以只將每頁末的餘額結轉次頁，如某些材料明細帳帳戶就沒有必要將每頁的發生額結轉次頁。

三、總分類帳的登記

適用於所有一級科目借、貸方發生額的登記及餘額的核算。

1. 帳戶目錄的填寫

根據資產負債表上科目的排列順序，依次填寫。每個科目按上一年所用的帳簿頁數預留出頁碼空間。並寫出該科目在帳簿的頁數，以方便快捷查閱。填寫示例如圖 1-5-2。

帳 戶 目 錄

順序	編號	名稱	頁號	順序	編號	名稱	頁號	順序	編號	名稱	頁號	順序	編號	名稱	頁號
1		庫存現金	1	26				51				76			
2		銀行存款	3	27				52				77			
3		應收賬款	5	28				53				78			
4		其他應收款	7	29				54				79			
5				30				55				80			
6		庫存商品	9	31				56				81			
7		固定資產	11	32				57				82			
8				33				58				83			
9		累計折舊	13	34				59				84			
10				35				60				85			
11		應付賬款	15	36				61				86			
12				37				62				87			
13		應付職工薪酬	17	38				63				88			
14				39				64				89			
15		應交稅費	19	40				65				90			
16				41				66				91			
17		其他應付款	21	42				67				92			
18				43				68				93			
19		應付利息	23	44				69				94			
20				45				70				95			
21		實收資本	25	46				71				96			
22		本年利潤	27	47				72				97			
23				48				73				98			
24		利潤分配	29	49				74				99			
25				50				75				100			

圖 1-5-2　帳戶目錄

2. 帳簿的登記

（1）根據資產負債表，準確填寫科目名稱及帳簿啟用時的期初餘額，並注明借貸方向。

（2）根據科目匯總表登記借、貸方發生額，並結出餘額。填寫示例如圖 1-5-3。

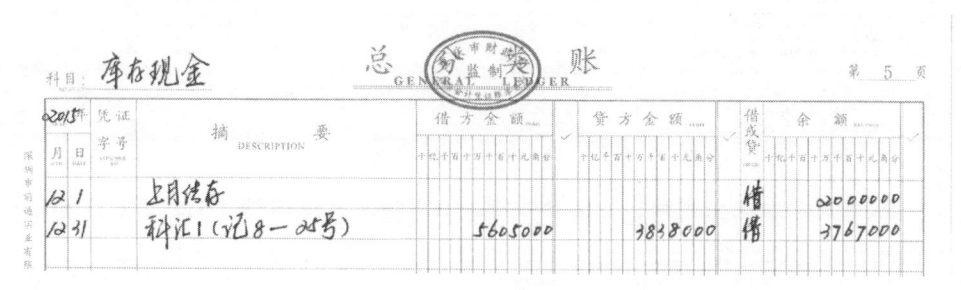

圖 1-5-3　總分類帳

四、固定資產帳簿的登記

適用於所有固定資產科目明細帳的登記。固定資產帳簿可以跨年度使用。

1. 帳戶目錄的填寫

根據固定資產修建或購入的先後順序，依次填寫。每種固定資產帳簿預留出合適的頁數，並寫出該固定資產在帳簿的頁數範圍，以方便快捷查閱（目錄示例略，參照總分類帳帳戶目錄填寫示例）。

2. 帳簿的登記

（1）準確填寫固定資產資訊表：使用單位（或部門）、種類、名稱、計量單位、使用年限及編號等資訊。

（2）根據資產負債表期初餘額，登記固定資產原值、已提折舊累計金額及淨值的期初餘額。

每月根據計提折舊的會計憑證，登記本期計提的累計折舊金額及已提折舊的累計金額，登記完畢後，應在記帳憑證上注明"√"符號，並結出固定資產淨值。填寫示例如圖 1-5-4。

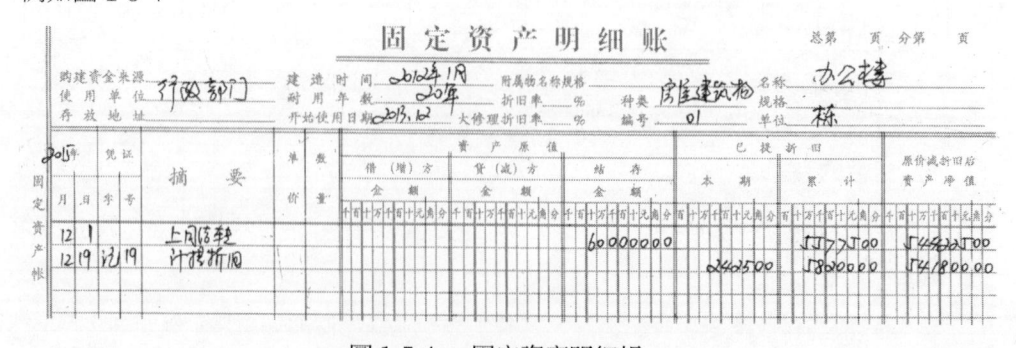

圖 1-5-4　固定資產明細帳

五、數量單價金額式帳簿

適用於在途材料、原材料、材料採購、庫存商品等存貨類科目明細帳的登記。

1. 帳戶目錄的填寫

根據在途材料、原材料、材料採購、庫存商品等存貨類的末級明細科目，依次填寫，每個科目按上一年所用的帳簿頁數預留出頁碼空間。並寫出該科目在帳簿的頁數，以方便快捷查閱。

2. 帳簿的登記

（1）準確填寫存貨類末級科目名稱、計量單位等資訊。

（2）根據存貨類末級科目的期初餘額，登記結存的數量、單價及金額。

每月根據該存貨的購入、發出等會計憑證，登記存貨購入（或發出）時的數量、單價及金額，登記完畢後，應在記帳憑證上注明“√”符號，並結出期末的數量、單價及金額。填寫示例如圖 1-5-5。

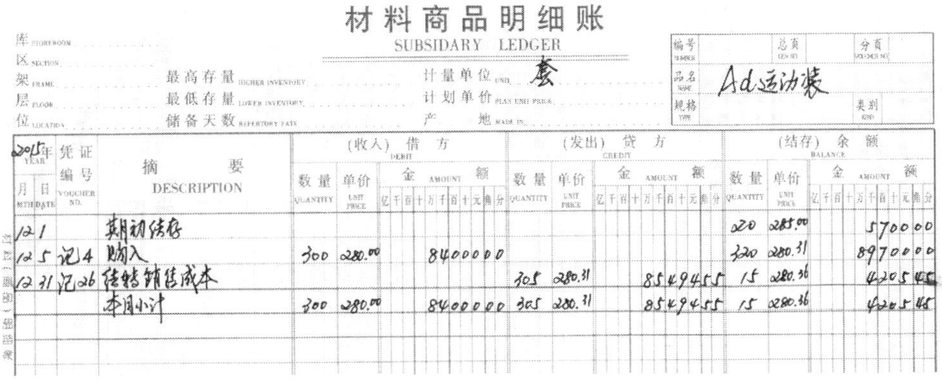

材料商品明细账

SUBSIDARY LEDGER

库 STOREROOM　区 SECTION　架 FRAME　层 FLOOR　位 LOCATION

最高存量 HIGHER INVENTORY　最低存量 LOWER INVENTORY　储备天数 REPERTORY FATE

计量单位 UNIT 套　计划单价 PLAN UNIT PRICE　产地 MADE IN

编号 NUMBER　总頁　分頁　品名 NAME Ad运动装　規格 TYPE　类别 KIND

2015年 月	日	凭证编号 VOUCHER NO.	摘要 DESCRIPTION	(收入)借方 DEBIT 数量 QUANTITY	单价 UNIT PRICE	金额 AMOUNT	(发出)贷方 CREDIT 数量 QUANTITY	单价 UNIT PRICE	金额 AMOUNT	(结存)余额 BALANCE 数量 QUANTITY	单价 UNIT PRICE	金额 AMOUNT
12	1		期初结存							200	285.00	5700000
12	5	记4	购入	300	280.00	8400000				320	280.31	8970000
12	31	记26	结转销售成本				305	280.31	8549455	15	280.36	420545
			本月小计	300	280.00	8400000	305	280.31	8549455	15	280.36	420545

圖 1-5-5　庫存商品明細帳

六、多欄式明細帳

適用於管理費用、銷售費用、財務費用、製造費用、生產成本等末級明細科目借方發生額的登記、貸方結轉及餘額的核算。

1. 帳戶目錄的填寫

根據管理費用、銷售費用、財務費用、製造費用、生產成本等末級明細科目，依次填寫，每個科目按上一年所用的帳簿頁數預留出頁碼空間，並寫出該科目在帳簿的頁數，以方便快捷查閱。

2. 帳簿的登記

（1）準確填寫管理費用、銷售費用、財務費用、製造費用、生產成本等末級科目名稱。

（2）根據審核無誤的記帳憑證，登記管理費用等的借方發生額、餘額及各明細科目的借方發生額，登記完畢後，應在記帳憑證上注明"√"符號。

根據期末結轉憑證，登記管理費用等的貸方發生額及各明細科目的貸方發生額，登記完畢後，應在記帳憑證上注明"√"符號，並結出期末餘額（損益類科目及製造費用科目期末餘額為零，生產成本期末餘額在借方，表示在產品成本）。填寫示例如表 1-5-1。

項目一　手工帳務實訓

表 1-5-1　管理費用明細帳

單位：元

2015年		憑證號		摘要	借方	貸方	餘額	工資及福利費	五險一金	差旅費	通訊費	辦公費	折舊費	印花稅	工會經費	教育經費	水電費	其他
月	日	字	號															
12	5	記	6	付電費	00,005		500.00										500.00	
12	6	記	7	付水費	00,022		720.00										220.00	
12	9	記	11	計提工資	00,00576		68220.00	67500.00										
12	12	記	13	計提工會經費及教育經費	00,0864		72900.00								2080.00	2600.00		
12	13	記	14	交社會保險	18,20562		99402.81		26502.81									
12	15	記	16	鐘強費用報銷	00,0591		101352.81			1650.00	300.00							
12	15	記	17	張三費用報銷	00,0607		108412.81			6500.00	560.00							
12	19	記	20	計提折舊費	24,29211		119705.23						11292.42					
12	26	記	26	辦公費報銷	00,023		120025.23					320.00						
12	31	記	30	計提印花稅	47,854		120483.97							458.74				
12	31	記	31	結轉至本年利潤(用紅字登記)		120483.97	0.00											
				本月合計	79,384021	120483.97	0.00	67500.00	26502.81	8150.00	860.00	320.00	11292.42	458.74	2080.00	2600.00	720.00	0.00
								67500.00	26502.81	8150.00	860.00	320.00	11292.42	458.74	2080.00	2600.00	720.00	0.00

033

七、三欄式明細帳

適用於應收賬款、預收賬款、其他應收款、其他應付款、預付帳款、應付帳款、應付職工薪酬、應交稅費（應交增值稅除外）、短期借款、應付利息、主營業務收入、其他業務收入、營業外收入、主營業務成本、其他業務成本、營業外支出、實收資本、本年利潤、未分配利潤等科目末級明細科目借、貸方發生額的登記及餘額的核算。

1. 帳戶目錄的填寫

根據應收賬款、預收賬款、其他應收款、其他應付款、預付帳款、應付帳款、應付職工薪酬、應交稅費（應交增值稅除外）、短期借款、應付利息、主營業務收入、其他業務收入、營業外收入、主營業務成本、其他業務成本、營業外支出、實收資本、本年利潤、未分配利潤等科目末級明細科目，依次填寫子目及戶名，每個科目按上一年所用的帳簿頁數預留出頁碼空間，並寫出該科目在帳簿的頁數，以方便快捷查閱。

2. 帳簿的登記

（1）準確填寫應收賬款等一級科目及末級科目名稱。

（2）登記應收賬款等末級科目的期初餘額，並注明借貸方向。

（3）根據記帳憑證，登記各末級科目的借方發生額和貸方發生額，登記完畢後，應在記帳憑證上注明"√"符號，並結出期末的餘額及借貸方向。填寫示例如圖1-5-6。

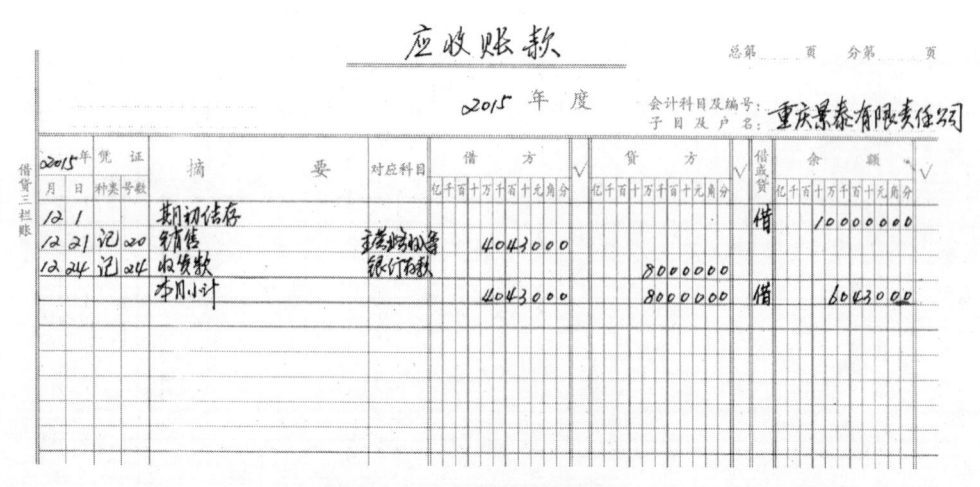

圖1-5-6　應收賬款明細帳

八、應交稅費——應交增值稅明細帳

適用于一般納稅人"應交稅費——應交增值稅"三級明細帳的登記。

小規模納稅人不設置"應交稅費——應交增值稅"三級明細科目,不登記"應交稅費——應交增值稅"三級明細帳。小規模納稅人"應交稅費——應交增值稅"二級明細帳在"三欄式明細帳"登記。

1. 借、貸方涉及的明細科目

在"借方"登記的三級明細科目:"進項稅額""已交稅額""轉出未交增值稅"等。在"貸方"登記的三級明細科目:"銷項稅額""進項稅額轉出""未交增值稅""轉出多交增值稅"等。

2. 帳簿的登記

(1) 登記應交稅費——應交增值稅科目的期初餘額,並注明借貸方向。

(2) 根據記帳憑證,在各末級科目對應的借方和貸方逐筆登記發生額,登記完畢後,應在記帳憑證上注明"√"符號。

(3) 逐欄結出借、貸方合計金額,每月結出各明細科目的發生額及期末餘額,並注明借貸方向。填寫示例如表 1-5-2。

表 1-5-2　應交稅費——應交增值稅明細帳

單位：元

日期	憑證字號	摘要	借方合計	進項稅額	已交稅額	轉出未交增值稅	貸方合計	銷售稅額	未交增值稅	進項稅額轉出	轉出多交增值稅	借或貸	餘額
2015-11-27		期初餘額										貸	7850.25
2015-12-01	記-1	購入固定資產	952.00	952.00									
2015-12-05	記-4	購進	14280.00	14280.00									
2015-12-07	記-10	購入	12750.00	12750.00									
2015-12-14	記-15	交稅	7850.25		7850.25								
2015-12-31	記-22	銷售					5780.00	5780.00					
2015-12-31	記-23	銷售					14025.00	14025.00					
2015-12-31	記-24	銷售					15708.00	15708.00					
2015-12-31	記-24	銷售					9690.00	9690.00					
2015-12-31	記-28	計提增值稅	17221.00			17221.00	17221.00		17221.00				
2015-12-31		本期合計	53053.25	27982.00	7850.25	17221.00	62424.00	45203.00	17221.00			貸	17221.00

九、出納日記帳

1. 現金日記帳

（1）根據審核無誤的記帳憑證，序時、逐筆地登記庫存現金科目的借、貸方發生額，登記完畢後，應在記帳憑證上注明"√"符號。

（2）必須每天結出帳戶的餘額，若每日經濟業務發生筆數較多，還應結出每日借、貸方發生額小計及餘額。

（3）期末結出借、貸方發生額及餘額。填寫示例如圖 1-5-7。

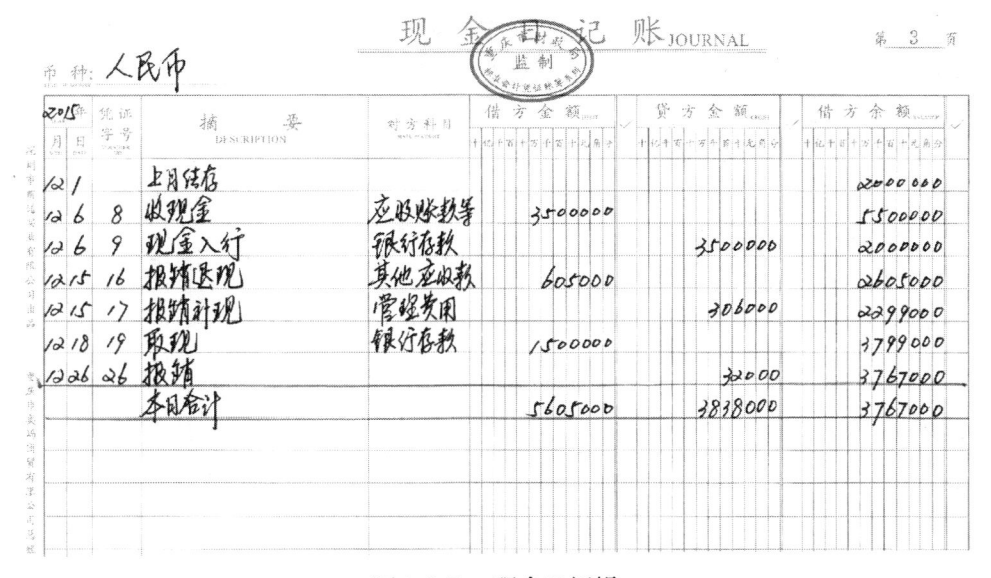

圖 1-5-7　現金日記帳

2. 銀行存款日記帳

（1）根據審核無誤的記帳憑證，序時、逐筆地登記銀行存款科目的借、貸方發生額，登記完畢後，應在記帳憑證上注明"√"符號。

（2）必須每天結出帳戶的餘額，若每日經濟業務發生筆數較多，還應結出每日借、貸方發生額小計及餘額。

（3）期末結出借、貸方發生額及餘額。填寫示例如圖 1-5-8 和圖 1-5-9。

圖 1-5-8　銀行存款日記帳 1

圖 1-5-9　銀行存款日記帳 2

相關知識

（1）會計帳簿的作用及分類。

（2）會計帳簿與會計報表的聯繫。

任務評價

表 1-5-3　總分類帳帳簿評價表

評價內容	評價標準	分值	學生自評	老師評估
帳簿啟用表	填寫規範，要素齊全	5 分		
帳戶目錄表	字跡清晰，整齊規範，易於辨認	5 分		
期初餘額	總分類帳期初金額正確	10 分		
發生額	總分類帳借、貸方發生額與科目匯總表各科目的借、貸方發生額的合計金額相符	35 分		
期末餘額	總分類帳期末餘額計算無誤	30 分		
情感評價	安全意識 法制意識 責任意識 自主學習能力 獨立思考能力 團結協作能力 吃苦耐勞 心理健康	15 分		

學習體會：

表 1-5-4　固定資產帳簿評價表

評價內容	評價標準	分值	學生自評	老師評估
帳戶相關資訊	填寫規範，要素齊全	5 分		
期初餘額	期初金額正確	10 分		
發生額	借、貸方發生額與記帳憑證借、貸方發生額金額相符	35 分		
期末餘額	資產淨值及累計折舊期末餘額計算無誤	35 分		
期末餘額	總分類帳期末餘額計算無誤	30 分		
情感評價	安全意識 法制意識 責任意識 自主學習能力 獨立思考能力 團結協作能力 吃苦耐勞 心理健康	15 分		
學習體會：				

表 1-5-5　庫存商品數量單價金額式帳簿的登記

評價內容	評價標準	分值	學生自評	老師評估
帳戶相關資訊	填寫規範，要素齊全	10 分		
期初餘額	期初金額正確	10 分		
發生額	借、貸方發生額與記帳憑證借、貸方發生額金額相符	35 分		
期末餘額	數量、單價（月末一次加權平均法）、金額計算無誤	30 分		
期末餘額	總分類帳期末餘額計算無誤	30 分		
情感評價	安全意識 法制意識 責任意識 自主學習能力 獨立思考能力 團結協作能力 吃苦耐勞 心理健康	15 分		
學習體會：				

表 1-5-6　管理費用多欄式帳簿的登記

評價內容	評價標準	分值	學生自評	老師評估
帳戶相關資訊	填寫規範，要素齊全	10 分		
明細科目的設置	根據企業的經營管理需要，設置明細科目	20 分		
發生額	發生額與記帳憑證發生額金額相符	20 分		
期末結轉	各明細科目期末結轉餘額正確，結轉後無餘額	20 分		
合計金額	橫向縱向金額計算無誤	15 分		
情感評價	安全意識 法制意識 責任意識 自主學習能力 獨立思考能力 團結協作能力 吃苦耐勞 心理健康	15 分		

學習體會：

表 1-5-7　應收賬款三欄式賬簿的登記

評價內容	評價標準	分值	學生自評	老師評估
帳戶相關資訊	填寫規範，要素齊全	10 分		
科目設置	明細科目準確	5 分		
期初餘額	餘額方向及金額正確	15 分		
發生額	發生額與記帳憑證發生額金額相符	35 分		
餘額	餘額方向及金額計算正確	20 分		
情感評價	安全意識 法制意識 責任意識 自主學習能力 獨立思考能力 團結協作能力 吃苦耐勞 心理健康	15 分		
學習體會：				

表 1-5-8　應交增值稅明細帳帳簿評價表

評價內容	評價標準	分值	學生自評	老師評估
帳戶相關資訊	填寫規範，要素齊全	10 分		
期初餘額	餘額方向及金額正確	10 分		
發生額	發生額與記帳憑證發生額金額相符，對應的明細科目無誤	40 分		
合計金額	橫向縱向金額計算無誤	15 分		
餘額	餘額方向及金額計算正確	10 分		
情感評價	安全意識 法制意識 責任意識 自主學習能力 獨立思考能力 團結協作能力 吃苦耐勞 心理健康	15 分		

學習體會：

表 1-5-9　現金日記帳評價表

評價內容	評價標準	分值	學生自評	老師評估
帳戶相關資訊	填寫規範，要素齊全	10 分		
期初餘額	金額正確	10 分		
發生額	發生額與記帳憑證發生額金額相符，對方科目填寫無誤	30 分		
合計金額	計算無誤	15 分		
餘額	逐筆計算餘額，金額正確	20 分		
情感評價	安全意識 法制意識 責任意識 自主學習能力 獨立思考能力 團結協作能力 吃苦耐勞 心理健康	15 分		

學習體會：

表 1-5-10　銀行存款日記帳評價表

評價內容	評價標準	分值	學生自評	老師評估
帳戶相關資訊	填寫規範，要素齊全	10 分		
期初餘額	金額正確	10 分		
發生額	發生額與記帳憑證發生額金額相符，對方科目填寫無誤	30 分		
合計金額	計算無誤	15 分		
餘額	逐筆結算餘額，金額正確	20 分		
情感評價	安全意識 法制意識 責任意識 自主學習能力 獨立思考能力 團結協作能力 吃苦耐勞 心理健康	15 分		
學習體會：				

任務六　對賬及期末結帳

任務目標

會計人員應當定期將會計帳簿與實物、款項及有關資料相互核對，保證會計帳簿記錄與實物記錄及款項的實有數位相符、會計帳簿記錄與會計憑證的有關內容相符、會計帳簿之間相對應的記錄相符、會計帳簿記錄與會計報表的有關內容相符。對賬的內容主要包括賬證核對、賬賬核對、賬實核對、賬表核對。

結帳就是把一定時期內發生的會計事項，在全部登記入帳的基礎上，結算出每一個帳戶的本期發生額和期末餘額，並將期末餘額結轉至下期。會計人員應于每個會計期末對有關帳戶帳簿記錄進行結帳。

任務分析

會計人員應定期將記帳憑證與明細帳進行核對，總分類帳與明細帳進行核對，明細帳與實物資產、債權單位、債務單位進行核對，總帳與利潤表、資產負債表進行核對。

結帳分月結和年結。

任務實施

一、定期對賬

（1）賬證核對。核對會計帳簿記錄與原始憑證、記帳憑證的時間、憑證字型大小、內容、金額是否一致，記帳方向是否相符。

（2）賬賬核對。核對不同會計帳簿記錄是否相符。包括：總帳有關帳戶的餘額核對；總帳與明細帳核對；總帳與日記帳核對等。

（3）賬實核對。核對會計帳簿記錄與財產等實有數額是否相符。包括：現金日記賬帳面餘額與現金實際庫存數核對；銀行存款日記帳帳面餘額與銀行對帳單核對；

各種應收、應付款明細帳帳面餘額與有關債務、債權單位或者個人核對等。記帳會計將往來款項與往來單位核對，各明細帳與總帳核對。

（4）賬表核對。總帳與資產負債表、利潤表核對。

二、期末結帳

1. 結帳程式及方法

（1）結帳前，檢查本期內日常發生的經濟業務是否已全部登記入帳，若發現漏賬、錯賬，應及時補記更正。

（2）根據權責發生制的要求，調整有關賬項，合理確定本期應計的收入和應計的費用。

（3）月末將損益類科目轉入"本年利潤"科目，結平所有損益類科目。成本費用類科目轉入"本年利潤"的借方，收入類科目轉入"本年利潤"貸方。

（4）進行賬項調整和結帳之後，計算每個帳戶的期末餘額，對於需要結計本期發生額的帳戶還需計算出本期發生額，並做出相應的結帳標記。

（5）結帳方法。

①必須定期結出帳戶的發生額和餘額，每一賬頁登記完畢，接轉下頁時，應當結出本頁合計數及餘額寫在本頁最後一行和下頁第一行有關欄內，並在摘要欄注明"過次頁"和"承前頁"字樣，也可以將本頁合計數及金額只寫在下一頁第一行有關欄內，並在摘要欄注明"承前頁"字樣。

②月末，應將各種收入類、費用類等損益類帳戶的餘額轉入本年利潤帳戶，編制結轉分錄。沒有餘額的帳戶，結帳時應當在借或貸欄填寫"平"字，並在餘額欄"元"位填寫"⊕"表示。

③一般月結的方法是在本月最後一筆記錄下面畫一條通欄單紅線，並在下一行的摘要欄中用藍字居中手工書寫"本月合計"，也可加蓋專門購買的紅色印章，同時在該行結出本月發生額合計及餘額，然後，在"本月合計"行下面再畫一條通欄單紅線。

④年末結帳：各帳戶按上述方法進行月結的同時，在各帳戶的本年最後一筆記錄下面畫通欄雙紅線，表示"年末封賬"。

⑤結轉下年時，凡是有餘額的帳戶，都應在年末畫通欄雙紅線，並在下面一行摘要居中紅筆注明"結轉下年"字樣。轉入下年新賬時，在下一年新賬第一行的"摘要"欄內填寫"上年結轉"字樣，將上年的年末餘額填入"餘額"欄。

2. 錯賬更正

（1）錯賬的類型。

①記帳憑證正確，登記帳簿發生錯誤。

②記帳憑證錯誤，引發登記帳簿發生錯誤。

（2）查找錯賬的方法。

根據形成錯賬的金額，選用正確的方法（除 2 法、除 9 法、差數法、尾數法），快速查找錯賬。

①除 2 法，是用差額除以 2 得到一個數，重點查找這個數字，一般來說是解決記帳方向借貸錯位的問題。比如說差額 200，那就找 100 這個數，看是不是記反方向了。

②除 9 法，是用差額除以 9 得到一個數，一種是記帳時將金額記錯位數，也就是大小數錯誤，這種錯誤無論是多記金額，還是少記金額，其差額必然是較小數的九倍，另一種是金額相鄰數字錯位，也就是將金額的前後數位顛倒，由此而產生的差額也能被 9 除盡。用於查找數位錯位或鄰數倒置。

③差數法是根據差額直接查找，看有無漏記、重記、記帳串戶、匯總串戶等。

④尾數法即是對於發生的角、分的差錯可以只查找小數部分，以提高查錯的效率。

（3）錯賬更正的具體方法。

①畫線更正法：適用於記帳憑證正確，只是記帳發生錯誤的錯賬。更正時應在需要更正的文字或數位（全部數位）上畫一道紅線，表示註銷，然後再在紅線上方書寫正確的文字或數位，並加蓋更正人的印章。

②紅字更正法：記帳憑證發生錯誤，引發記帳發生錯誤的錯賬。更正時，將需要更正的錯賬全部用紅字沖銷，然後再根據補制的記帳憑證重新記帳。

③補充登記法：記帳憑證中會計科目正確，所填金額小於應填金額發生的錯賬。則應再編制一張與原記帳憑證應借應貸帳戶相同，但金額為補足應記金額差額的憑證，再根據該記帳憑證記帳。

相關知識

（1）總分賬及各明細分類帳的鉤稽關係。

（2）月結、年結的異同。

任務評價

表1-6-1　對賬及期末結帳評價表

評價內容	評價標準	分值	學生自評	老師評估
對賬	總分類帳與明細分類帳相符；銀行日記帳與銀行對帳單相符；會計憑證與會計帳簿相符往來賬與有關債權債務單位的賬務相符（可任選一項任務）	25分		
錯賬的查找	根據形成錯賬的金額，選用正確的方法（差數法、尾數法、除2法、除9法），快速查找錯賬	25分		
錯賬的更正	帳簿記錄發生錯誤，必須按照規定的方法予以更正，不准塗改、挖補、刮擦或者用藥水消除字跡。選用正確的更正方法（畫線更正法紅字更正法和補充登記法等）正確更正錯賬	25分		
結帳	"過次頁"和"承前頁"金額正確，月結、年結畫線規範	10分		
餘額	逐筆結算餘額，金額正確	20分		
情感評價	安全意識 法制意識 責任意識 自主學習能力 獨立思考能力 團結協作能力 吃苦耐勞 心理健康	15分		

學習體會：

任務七　編制會計報表

任務目標

會計報表是與企業有經濟利害關係的外部單位和個人瞭解企業的財務狀況和經營成果，並據以做出決策的重要依據。會計人員應于每個期末根據總分類帳編制會計報表，一般企業只編制資產負債表和利潤表。

任務分析

根據每月月末收入類、成本費用類等損益類科目的結帳憑證，編制利潤表。也可根據總分類帳帳戶中收入類、成本費用類等損益類科目編制利潤表。

根據核對無誤的總分類帳帳戶餘額，編制資產負債表。也可根據科目匯總表餘額（或試算平衡表餘額）編制資產負債表。

任務實施

一、利潤表的編制

1. 利潤表各欄的填列方法

月報："本期金額"欄反映各項目的本月實際發生金額；"上期金額"欄反映各項目的上月實際發生金額。

中期報表：在編報中期財務會計報告時，"本期金額"欄反映各項目的本年度半年期的實際發生金額；"上期金額"欄反映各項目的上年度同期實際發生金額。

年報：在編報年度財務會計報告時，"本期金額"欄反映各項目的本年度全年實際發生金額；"上期金額"欄反映各項目的上年度同期實際發生金額。如果上年度利潤表與本年度利潤表的專案名稱和內容不相一致，應對上年度利潤表專案的名稱和數字按本年度的規定進行調整，填入本表"上期金額"。

2. 利潤各項目的填列方法

"營業收入"項目＝"主營業務收入"專案＋"其他業務收入"項目，反映企業經營主要業務及其他業務所取得的收入總額。本專案應根據"主營業務收入""其他業務收入"兩個科目的發生額分析填列。

"營業成本"項目，反映企業經營主要業務和其他業務發生的實際成本。本專案應根據"主營業務成本"和"其他業務成本"科目的發生額分析填列。

"營業稅金及附加"項目，反映企業經營主要業務應負擔的營業稅、消費稅、城市維護建設稅、資源稅、土地增值稅和教育費附加等。本專案應根據"營業稅金及附加"科目的發生額分析填列。

"銷售費用"項目，反映企業在銷售商品和商品流通企業在購入商品等過程中發生的費用。本專案應根據"銷售費用"科目的發生額分析填列。

"管理費用"專案，反映企業發生的管理費用。本專案應根據"管理費用"科目的發生額分析填列。

"財務費用"項目，反映企業發生的財務費用。本專案應根據"財務費用"科目的發生額分析填列。

"投資收益"專案，反映企業以各種方式對外投資所取得的收益。本專案應根據"投資收益"科目的發生額分析填列。如為投資損失，以"-"號填列。

"營業外收入"項目和"營業外支出"項目，反映企業發生的與其生產經營無直接關係的各項收入和支出。這兩個專案應分別根據"營業外收入"科目和"營業外支出"科目的發生額分析填列。

"利潤總額"專案，反映企業實現的利潤總額。如為虧損總額，以"-"號填列。

"所得稅費用"專案，反映企業按規定從本期利潤總額中減去的所得稅。本專案應根據"所得稅費用"科目的發生額分析填列。

"淨利潤"項目，反映企業實現的淨利潤。如為淨虧損，以"-"號填列。

3. 利潤表填列的簡易方法

根據每月末結轉成本費用至本年利潤科目的借方、結轉收入類科目至本年利潤科目的貸方兩張憑證分析填列。

二、資產負債表的編制

資產負債表的各專案均需填列"年初餘額"和"期末餘額"兩欄數字。

"年初餘額"欄內各項目的數位,可根據上年末資產負債表"期末餘額"欄相應項目的數位填列。如果本年度資產負債表規定的各個專案的名稱和內容與上年度不相一致,應當對上年年末資產負債表各個專案的名稱和數位按照本年度的規定進行調整。"期末餘額"欄各項目的填列方法如下:

1. "期末餘額"根據明細帳帳戶期末餘額分析計算填列的科目

"應收賬款"專案,應根據"應收賬款"帳戶和"預收賬款"帳戶所屬明細帳戶的期末借方餘額合計數,減去"壞賬準備"帳戶中有關"應收賬款"計提的"壞賬準備"期末餘額後的金額填列。

"預付帳款"專案,應根據"預付帳款"帳戶和"應付帳款"帳戶所屬明細帳帳戶的期末借方餘額合計數,減去"壞賬準備"帳戶中有關"預付帳款"計提的"壞賬準備"期末餘額後的金額填列。

"應付帳款"專案,應根據"應付帳款"帳戶和"預付帳款"帳戶所屬明細帳帳戶的期末貸方餘額合計數填列。

"預收賬款"專案,應根據"預收賬款"帳戶和"應收賬款"帳戶所屬明細帳帳戶的期末貸方餘額合計數填列。

"應收票據""應收股利""應收利息""其他應收款"專案應根據各相應帳戶的期末餘額,減去"壞賬準備"帳戶中相應各專案計提的"壞賬準備"期末餘額後的金額填列。

2. "期末餘額"根據總帳帳戶期末餘額分析計算填列的科目

"貨幣資金"專案,應根據"庫存現金""銀行存款"和"其他貨幣資金"等帳戶的期末餘額合計數填列。

"未分配利潤"專案,應根據"本年利潤"帳戶和"利潤分配"帳戶的期末餘額計算填列,如為未彌補虧損,則在本項目內以"—"號填列,年末結帳後,"本年利潤"帳戶已無餘額,"未分配利潤"專案應根據"利潤分配"帳戶的年末餘額直接填列,貸方餘額以正數填列,如為借方餘額,應以"—"號填列。

"存貨"專案,應根據"材料採購(或在途物資)""原材料""周轉材料""庫存商品""委託加工物資""生產成本"等帳戶的期末餘額之和,減去"存貨跌價準備"

帳戶期末餘額後的金額填列。

"固定資產"專案,應根據"固定資產"帳戶的期末餘額減去"累計折舊""固定資產減值準備"帳戶期末餘額後的淨額填列。

"無形資產"專案,應根據"無形資產"帳戶的期末餘額減去"累計攤銷""無形資產減值準備"帳戶期末餘額後的淨額填列。

"在建工程""長期股權投資"和"持有至到期投資"專案,均應根據其相應總帳帳戶的期末餘額減去其相應減值準備後的淨額填列。

"長期待攤費用"專案,根據"長期待攤費用"帳戶期末餘額扣除其中將於一年內攤銷的數額後的金額填列,將於一年內攤銷的數額填列在"一年內到期的非流動資產"專案內。

"長期借款"和"應付債券"專案,應根據"長期借款"和"應付債券"帳戶的期末餘額,扣除其中在資產負債表日起一年內到期,且企業不能自主地將清償義務展期的部分後的金額填列,在資產負債表日起一年內到期,且企業不能自主地將清償義務展期的部分在流動負債類下的"一年內到期的非流動負債"專案內反映。

3. "期末餘額"根據總帳帳戶期末餘額直接填列的科目

"交易性金融資產""應收票據""固定資產清理""工程物資""短期借款""應付票據""應付職工薪酬""應交稅費""實收資本""資本公積""盈餘公積"等項目。這些項目中,"應交稅費"等負債項目,如果其相應帳戶出現借方餘額,應以"—"號填列;"固定資產清理"等資產專案,如果其相應的帳戶出現貸方餘額,也應以"—"號填列。

相關知識

(1) 資產負債表、利潤表的作用。

(2) 分析資產負債表、利潤表的相關指標公式。

項目一　手工帳務實訓

任務評價

表 1-7-1　編制利潤表評價表

評價內容	評價標準	分值	學生自評	老師評估
相關資訊的填寫	表頭相關資訊填寫規範、準確	5 分		
本期金額	表中各科目金額與總分類帳金額核對無誤	30 分		
金額計算	營業利潤、利潤總額及淨利潤計算正確	30 分		
本年累計	各對應累計金額計算正確	20 分		
情感評價	安全意識 法制意識 責任意識 自主學習能力 獨立思考能力 團結協作能力 吃苦耐勞 心理健康	15 分		

學習體會：

表 1-7-2　編制資產負債表評價表

評價內容	評價標準	分值	學生自評	老師評估
相關資訊的填寫	表頭相關資訊填寫規範、準確	5分		
期初餘額	表中各科目期初餘額與總分類帳期初餘額核對無誤	30分		
期末餘額	表中各科目期末餘額與總分類帳期末餘額核對無誤	30分		
金額計算	資產、負債、所有者權益各合計金額計算正確，且資產＝負債＋所有者權益	20分		
情感評價	安全意識 法制意識 責任意識 自主學習能力 獨立思考能力 團結協作能力 吃苦耐勞 心理健康	15分		
學習體會：				

任務七　編制會計報表

任務目標

會計憑證一般于每月末賬務處理完畢後裝訂，憑證的厚度以 2cm 為宜。裝訂好後憑證按年月順序編號妥善保管歸檔。

任務分析

會計憑證裝訂是每一個會計人員必備的一項會計技能，會計憑證記帳後，應及時裝訂。裝訂的範圍：原始憑證、記帳憑證、科目匯總表、銀行對帳單等。科目匯總表的工作底稿也可以裝訂在內，作為科目匯總表的附件。

任務實施

（1）憑證裝訂前的整理：首先每月應將憑證按編號順序排列，檢查編號是否連續、齊全。檢查記帳憑證上經辦人員（如財務主管、覆核、記帳、制單等）的簽章是否齊全。檢查原始單據是否齊全。若原始憑證紙張面積大於記帳憑證的原始憑證，可按記帳憑證的面積尺寸，先自右再自下兩次折疊，並把憑證的左上角或左側面讓出來，以便裝訂後，還可以展開查閱。

（2）將憑證封面和封底，分別附在會計憑證的前面和後面，憑證以左邊、上邊為准對齊。再將包裝牛皮紙，裁成憑證大小，並一分為二。一半用來作為此本憑證裝訂用，另一半作為下一本憑證裝訂時用。將裁好的紙放在封面上角，做護角線。

（3）在憑證的左上角畫一腰長為 5cm 的等腰三角形，再在等腰三角形兩條腰距憑證左上角的 1.5cm 處畫上一個圓點，並以兩個圓點分別畫一條與腰平行的線，兩條平行線相交的點作為裝訂憑證的中心點，兩條平行線分別於三角形底邊相交的兩個點作為裝訂輔助點。用大針引線從底部穿過中心點，按著所畫圖形裝訂，不走重綫，裝訂完後在憑證的背面打線結。線繩最好在憑證中端系上。

（4）將護角向左上側折，並將一側剪開至憑證的左上角，然後抹上膠水。向後折疊，並將側面和背面的線繩扣牢、粘牢。

（5）裝訂完畢後，在憑證本的脊背上面寫上"某年某月第幾冊共幾冊"的字樣。裝訂人在裝訂線封簽處簽名或者蓋章。憑證封面上填寫好憑證種類、起止號碼、憑證張數，最後由會計主管人員和裝訂人員在憑證封面上簽章。裝訂憑證厚度一般 1.5～2cm，方可保證裝訂牢固，美觀大方。會計憑證裝訂示意圖如圖 1-8-1 至圖 1-8-3。

圖 1-8-1　會計憑證封面

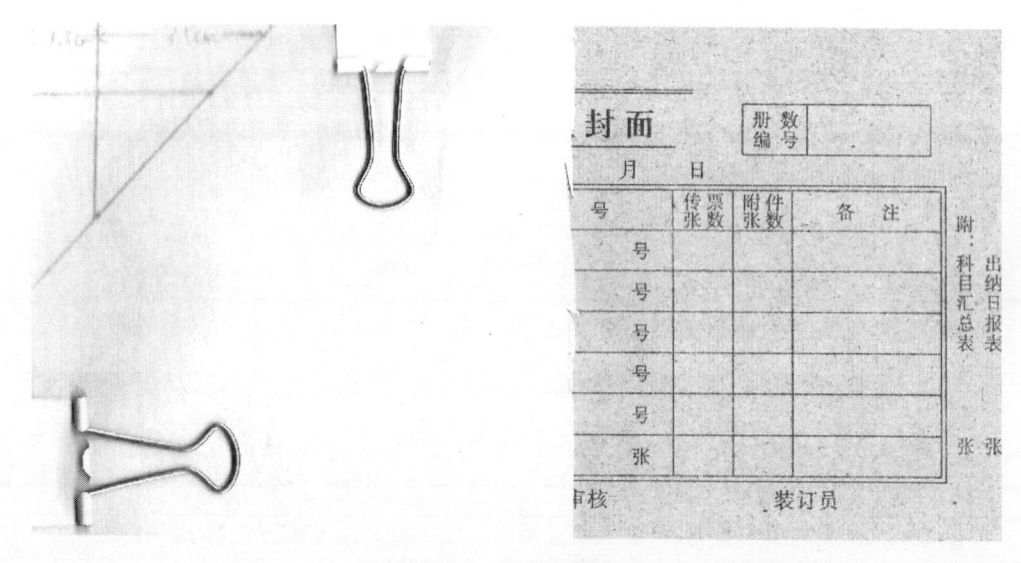

圖 1-8-2　裝訂憑證 1

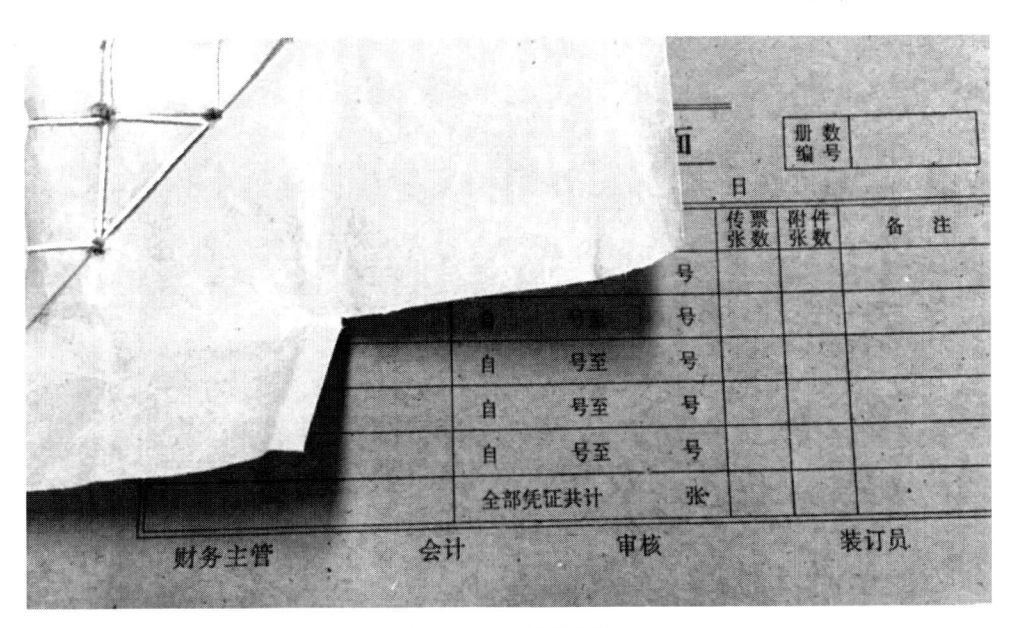

圖 1-8-3　裝訂憑證 2

相關知識

(1) 會計檔案的保管年限。
(2) 會計檔案的移交。
(3) 會計檔案的銷毀。

任務評價

表 1-8-1　裝訂會計憑證評價表

評價內容	評價標準	分值	學生自評	老師評估
裝訂前的整理	憑證按編號有序整理,並檢查簽章的完整性,憑證厚度以 2cm 為宜	15 分		
裝訂工具的準備	包裝紙、裝訂針、裝訂線、裝訂機	10 分		
會計憑證的裝訂	附件完整、整齊,裝訂牢固,美觀大方	30 分		
封面的填寫	正確填寫憑證種類、起止號碼、憑證張數;會計主管人員和裝訂人員的簽章完整;憑證編號規範	25 分		
憑證護角	憑證護角牢固、規範	5 分		
情感評價	安全意識 法制意識 責任意識 自主學習能力 獨立思考能力 團結協作能力 吃苦耐勞 心理健康	15 分		

學習體會:

任務九　賬務處理

任務目標

根據重慶鯨咚電子商務有限責任公司 2015 年 12 月的經濟業務，完成從編制記帳憑證、登記 T 型帳戶、編制科目匯總表、登記總分類帳及各類明細帳，到編制財務報表，以及會計憑證的裝訂。

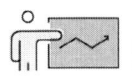

任務分析

通過重慶鯨咚電子商務有限責任公司 2015 年 12 月的經濟業務，依照會計工作規範流程處理各項經濟業務，完成手工賬務處理的所有過程。樹立嚴謹的工作作風，養成實事求是的工作態度。

任務實施

（1）編制記帳憑證。
（2）根據審核無誤的記帳憑證登記 T 型帳戶、編制科目匯總表及登記各類明細帳。
（3）根據科目匯總表登記總分類帳。
（4）根據總分類帳編制資產負債表、利潤表。

重慶鯨咚電子商務有限責任公司 2015 年 12 月發生經濟業務如下（原始憑證見附錄二）：

① 12 月 1 日，從重慶惠仁有限公司購入電腦一台，型號 HR704，不含稅價款 5600.00 元，增值稅 952.00 元，以網銀支付電腦款 6552.00 元。（見附錄二 1-1 至 1-5）

② 12 月 2 日收到重慶雙銳有限責任公司網上銀行轉帳 27600.00 元。（見附錄二 2-1）

③ 12 月 3 日出納向銀行申請辦理銀行匯票用以購買重慶 Ad 運動裝有限公司商品，網上銀行支付 98280.00 元辦理銀行匯票存款。已收到銀行匯票。（見附錄二 3-1 至 3-2）

④12月4日，網上銀行支付重慶中宗快遞公司24000.00元。（見附錄二4-1至4-2）

⑤12月5日採購員用辦理的銀行匯票到重慶Ad運動裝有限公司購進Ad運動裝300套，不含稅單價280.00元，價稅合計98280.00元。商品已經驗收入庫，已取得增值稅發票。（見附錄二5-1至5-4）

⑥12月5日用網上銀行支付重慶市電力公司電費1200.00元，其中銷售部門耗用電費700.00元，行政管理部門耗用電費500.00元。已收到電費的普通發票。（見附錄二6-1至6-4）

⑦12月6日用網上銀行支付重慶市自來水有限公司水費530.00元。銷售部門耗用310.00元，行政管理部門耗用220.00元。已收到水費的普通發票。（見附錄二7-1至7-4）

⑧12月6日，收到重慶美鎂有限責任公司通過網上銀行轉來的貨款，金額為43000.00元，另收現金35000.00元，並將其現金送存銀行。（見附錄二8-1至8-3）

⑨12月7日，採購員到重慶Ni休閒裝有限公司賒購了250套休閒裝，不含稅單價300.00元，價稅合計87750.00元。商品已經驗收入庫，已取得增值稅發票。（見附錄二9-1至9-3）

⑩12月9日，根據工資結算明細表及保險計算表，計提2015年12月工資及單位保險。（見附錄二10-1至10-2）

⑪12月10日根據"電子銀行交易回單"，工資已經通過網上銀行發放，實際發放金額77867.70元。已經扣除五險一金和個人所得稅等代扣款項。（見附錄二11-1）

⑫12月12日根據工資結算匯總表計提工會經費（2%）、職工教育經費（2.5%）。（見附錄二12-1）

⑬12月13日，收到銀行代扣的個人所得稅及五險一金的繳款憑證。（見附錄二13-1至13-7）

⑭12月14日，根據稅款繳款書，繳納上月稅款：增值稅7850.25元，城建稅549.52元，教育費附加235.51元，地方教育費附加157.01元。（見附錄二14-1至14-2）

⑮12月15日人事部鐘強報銷差旅費1650.00元，報銷手機費300.00元。原借款8000.00元，多借款項以現金退回。（見附錄二15-1至15-4）

⑯12月15日總經理張三報銷差旅費6500.00元，手機費560.00元，原借款4000.00元，沖借款後並以現金支付。（見附錄二16-1至16-3）

⑰ 12月17日，用網上銀行支付重慶 Ni 休閒裝有限公司原欠款 50000.00 元。（見附錄二 17-1 至 17-2）

⑱ 12月18日開出現金支票，向開戶行提取現金 15000.00 元。（見附錄二 18-1）

⑲ 12月19日，根據固定資產明細計提折舊。（見附錄二 19-1）

⑳ 12月21日，向重慶景泰有限責任公司銷售 Ad 運動裝 85 套，不含稅單價 400.00 元，增值稅稅額 5780.00 元，價稅合計 39780.00 元，並以銀行存款墊付快遞費 650.00 元，貨款等未收。（見附錄二 20-1 至 20-2）

㉑ 12月22日，向重慶雙銳有限責任公司銷售 Ni 休閒裝 150 套，價稅合計 96525.00 元。收到網上銀行轉來的銀行存款，金額為 96525.00 元。（見附錄二 21-1 至 21-2）

㉒ 12月1日-23日，向個人累計銷售 Ad 運動裝 230 套，價稅合計 113022.00 元，220 套已經交易成功，收到銀行存款 108108.00 元。（見附錄二 22-1 至 22-3）

㉓ 12月1日-23日向個人累計銷售 Ni 休閒裝 120 套，價稅合計 80028.00 元，100 套已經交易成功，收到銀行存款 66690.00 元。（見附錄二 23-1 至 23-3）

㉔ 12月24日，收到銀行收賬通知，重慶景泰有限責任公司貨款 80000.00 元已經入賬。（見附錄二 24-1）

㉕ 12月26日財務部胡悅報銷辦公用品費 320.00 元，以現金支付。（見附錄二 25-1）

㉖ 12月31日結轉本月銷售成本。（見附錄二 26-1）

㉗ 12月31日計提本月應交增值稅和附加稅、印花稅。（假定本季度無新增帳簿及營業證照，10-11 月商品購進總額為 463208.58 元，10-11 月銷售收入總額為 827697.24 元）（見附錄二 27-1 至 27-2）

㉘ 12月31日結轉本月所有損益類科目。（見附錄二 28-1）

㉙ 12月31日計算本季度所得稅，並結轉。（見附錄二 29-1）

㉚ 12月31日結轉本年利潤。（見附錄二 30-1）

相關知識

（1）企業經濟業務的賬務處理流程。

（2）資產負債表、利潤表的分析。

（3）商業企業和工業企業成本處理的異同。

任務評價

表 1-9-1　賬務處理評價表

評價內容	評價標準	分值	學生自評	老師評估
記帳憑證	記帳憑證填制準確無誤，對應附件完整，裝訂規範	25分		
T型帳戶、科目匯總表	正確填寫T型帳戶、科目匯總表的金額，書寫規範	20分		
會計帳簿	正確登記總分類帳以及明細分類帳，書寫清晰可認，金額正確，結帳規範	20分		
會計報表	利潤表和資產負債表的金額計算準確無誤	20分		
情感評價	安全意識 法制意識 責任意識 自主學習能力 獨立思考能力 團結協作能力 吃苦耐勞 心理健康	15分		

學習體會：

項目二　電算化賬務實訓

　　電算化賬務處理專案以最新的《企業會計準則》及《會計基礎工作規範》為依據，並以用友 T3 會計資訊化軟體為平台，在電腦方式下詮釋財務系統業務處理流程，從系統管理初始化、基礎檔案設置、總帳及購銷存管理系統初始化至總帳及購銷存管理系統日常業務處理、期末業務處理，每個任務不僅有操作的具體步驟，還配有軟體的示範案例圖，讓煩瑣的操作流程簡單明瞭。

目標類型	目標要求
知識目標	(1) 會系統管理初始化設置的操作方法 (2) 會基礎檔案設置的操作方法 (3) 會總帳管理系統初始化設置的操作方法 (4) 會購銷存管理系統初始化設置的操作方法 (5) 會總帳管理系統日常業務處理的操作方法 (6) 會購銷存管理系統日常業務處理的操作方法 (7) 會期末業務處理的操作方法
技能目標	(1) 能進行系統管理初始化的相關操作 (2) 能進行基礎檔案設置的相關操作 (3) 能進行總帳管理系統初始化的相關操作 (4) 能進行購銷存管理系統初始化的相關操作 (5) 能進行總帳管理系統日常業務處理的相關操作 (6) 能進行購銷存管理系統日常業務處理的相關操作 (7) 能進行期末業務處理的相關操作
情感目標	(1) 樹立安全意識、法制意識、責任意識 (2) 提高自主學習能力、獨立思考能力 (3) 培養團結協作的能力 (4) 具有吃苦耐勞的精神 (5) 擁有健康的心理

任務一　系統管理初始化

任務目標

用友T3財務軟體系統管理初始化主要包括"增加操作人員""建立賬套""系統啟用"及"操作人員許可權設置"等子任務。在軟體中根據企業的具體情況和核算要求,建立一套符合企業核算要求的賬套,為賬套的成功啟用奠定堅實的基礎。

任務分析

以系統管理員"admin"的身份在系統管理程式下完成以下任務:

(1) 系統管理註冊。

(2) 增加操作人員。

表 2-1-1　操作人員及許可權

操作員 ID	姓名	部門	擁有許可權的模組
1	鄭苑	財務部	全部
2	胡悅	財務部	總帳、財務報表、公用目錄設置許可權、採購管理、應付管理、銷售管理、應收管理及核算
3	肖蜀	財務部	總帳—出納簽字
4	趙懿	物流部	公用目錄設置許可權、庫存管理
5	田晶	採購部	公用目錄設置許可權、採購管理
7	包鑫	採購部	公用目錄設置許可權、採購管理
6	付野	銷售部	公用目錄設置許可權、銷售管理
8	周怡	銷售部	公用目錄設置許可權、銷售管理

注:為操作簡便起見,操作員口令均為空。

(3) 建立賬套。賬套號:001。

賬套名稱:鯨咚公司。

賬套路徑：預設路徑。

啟用會計期間：2015 年 12 月。

單位名稱：重慶鯨咚電子商務有限責任公司。

單位簡稱：鯨咚公司。

單位位址：重慶市北碚區同興北路 116-2 號。

法人代表：張三。

聯繫電話：023-888899X9。

稅號：500109203X88999。

本幣代碼：RMB。

本幣名稱：人民幣。

企業類型：商業。

行業性質：小企業會計核算制度。

賬套主管：[1] 鄭苑。

按行業性質預置科目：選擇按行業性質預置科目。

基礎資訊：存貨、客戶、供應商等無須進行分類管理，無外幣核算。

科目編碼級次：4-2-2-2。

資料精度定義：存貨單價小數位及換算率小數位定位"4"，其餘資料預設系統設置。

（4）系統啟用。

啟用總帳系統，啟用日期為 2015 年 12 月 01 日。

（5）設置操作人員許可權。

任務實施

一、系統管理註冊

（1）滑鼠按兩下桌面的"系統管理"程式圖示，或執行"開始"｜"程式"｜"用友 T3 系列管理軟體"｜"系統管理"命令，進入"用友 T3【系統管理】"視窗。

（2）執行"系統"｜"註冊"命令，打開"註冊【控制台】"對話方塊。

（3）伺服器文字方塊中預設為本地電腦名稱，如果本機即為伺服器或單機用戶，則預設當前設置；否則按一下按鈕，打開"網路電腦流覽"對話方塊，從中選擇要登錄的伺服器名稱。

(4) 在用戶名輸入欄中輸入系統管理員名稱"admin"，系統預設管理員密碼為空。輸入完成後，如圖 2-1-1 所示。

(5) 按一下【確定】按鈕，進入系統管理介面。

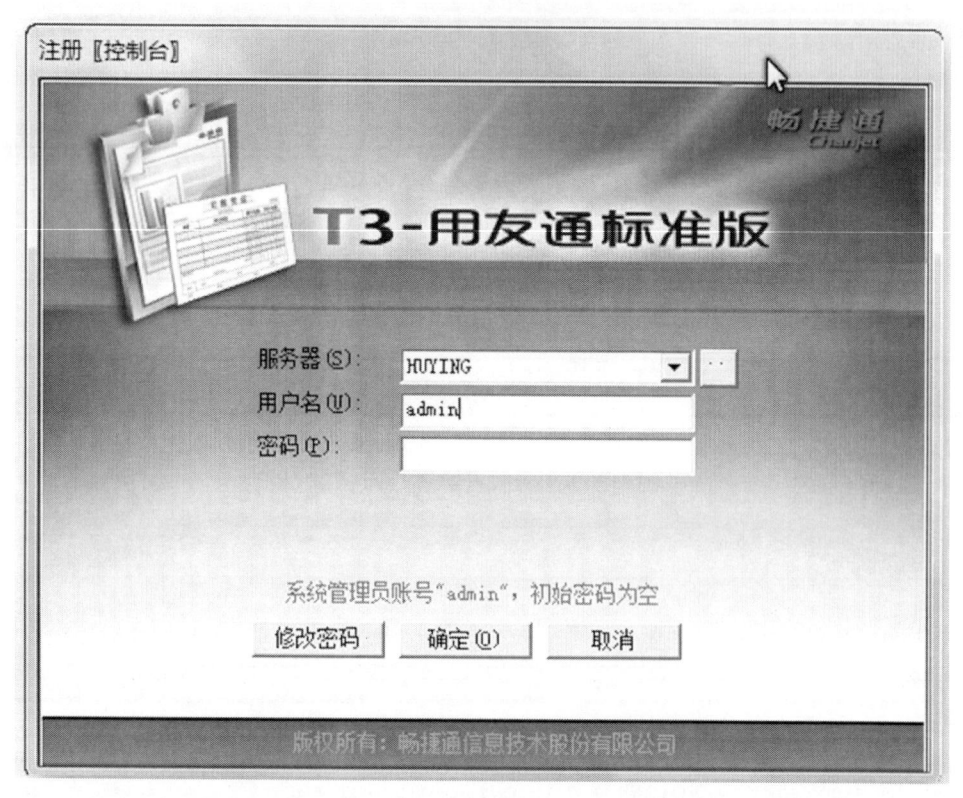

圖 2-1-1　"註冊【控制台】"對話方塊

二、增加操作人員

(1) 在系統管理介面下，執行"許可權"｜"操作員"命令，進入"操作員管理"視窗。

(2) 按一下【增加】按鈕，打開"增加操作員"對話方塊。

(3) 根據表 2-1-1 依次輸入操作員資訊，如圖 2-1-2 所示。每增加一個操作員完成後，按一下【增加】按鈕增加下一位元操作員，全部完成後，按一下【退出】按鈕返回。

圖 2-1-2　"增加操作員"對話方塊

三、建立賬套

（1）在系統管理介面下，執行"賬套"｜"建立"命令，打開"創建賬套—賬套資訊"對話方塊。輸入帳套名稱、賬套號等資訊，如圖 2-1-3 所示。

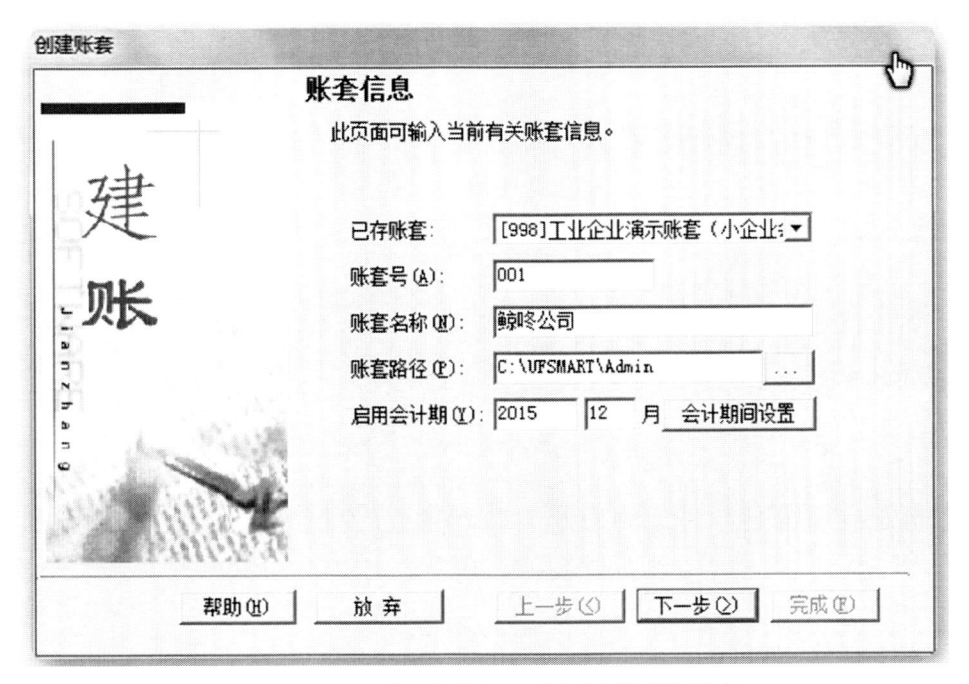

圖 2-1-3　"創建賬套—賬套資訊"對話方塊

（2）按一下【下一步】按鈕，打開"創建賬套—單位資訊"對話方塊。輸入單位資訊，如圖 2-1-4 所示。

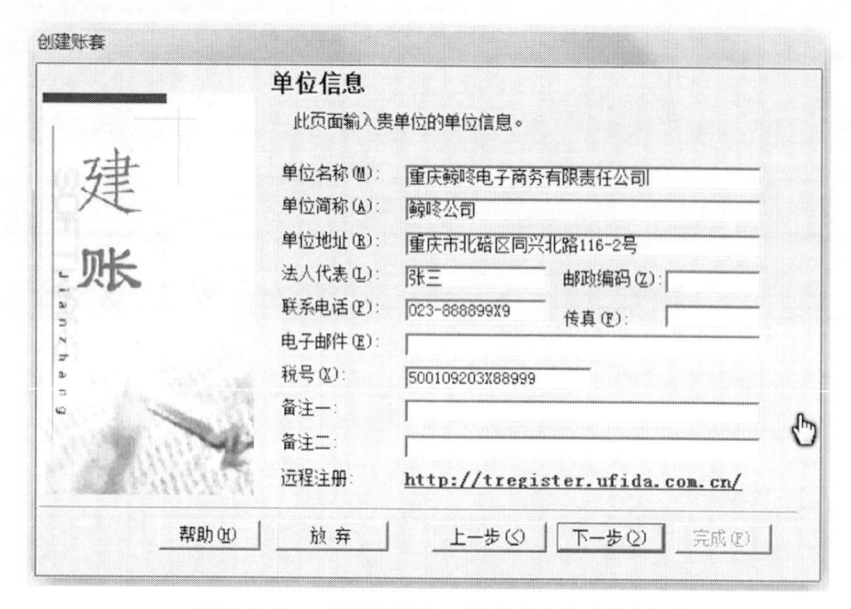

圖 2-1-4　"創建賬套—單位資訊"對話方塊

（3）按一下【下一步】按鈕，打開"賬套資訊—核算類型"對話方塊。輸入核算類型資訊，如圖 2-1-5 所示。

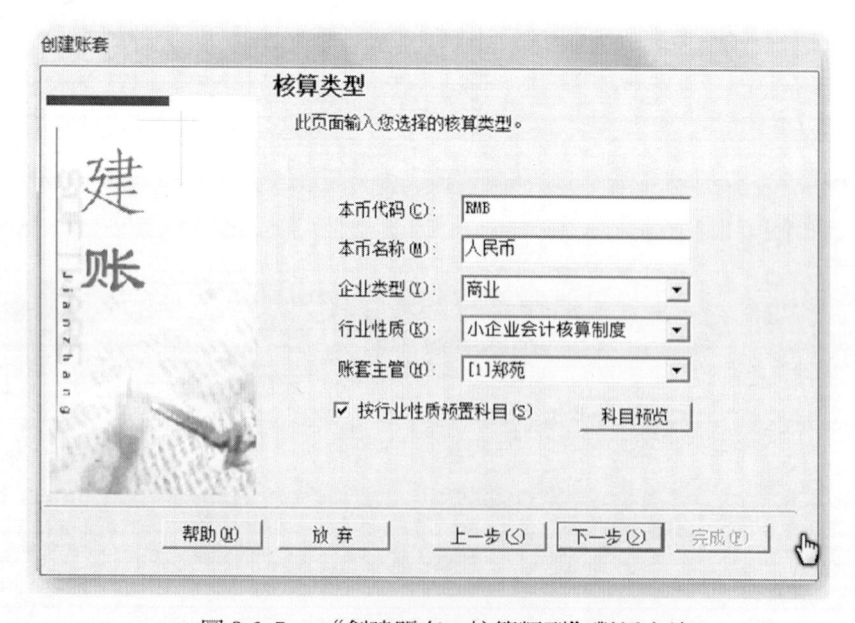

圖 2-1-5　"創建賬套—核算類型"對話方塊

項目二　電算化賬務實訓

（4）按一下【下一步】按鈕，打開"創建賬套—基礎資訊"對話方塊，如圖 2-1-6 所示。

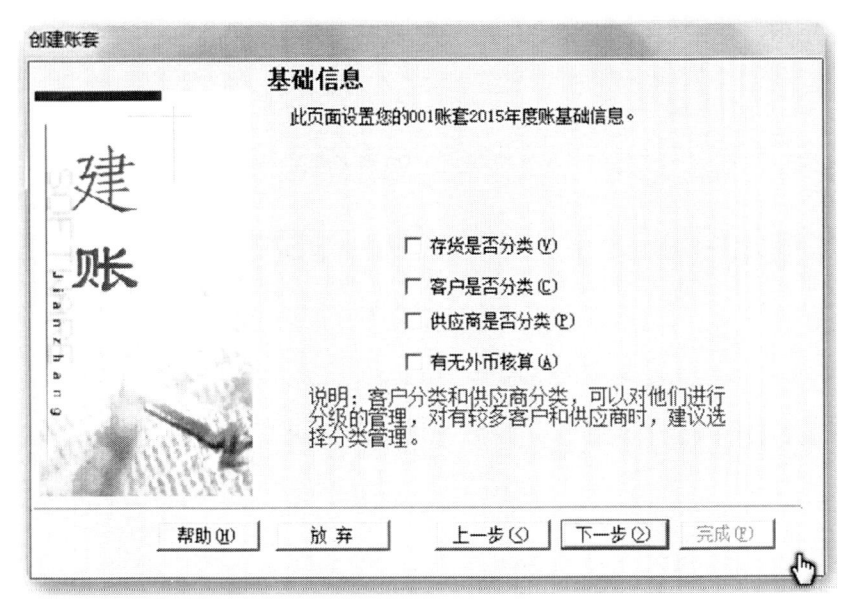

圖 2-1-6　"創建賬套—基礎資訊"對話方塊

（5）　　按一下【下一步】按鈕，再按一下【完成】按鈕。彈出系統提示"可以創建賬套了嗎？"，按一下【是】按鈕，稍候，彈出"分類編碼方案"對話方塊，錄入科目編碼級次"4-2-2-2"，如圖 2-1-7 所示。

圖 2-1-7　"分類編碼方案"對話方塊

（6）按一下【確認】按鈕，打開"資料精度定義"對話方塊並根據資料定義資料精度，如圖2-1-8所示。

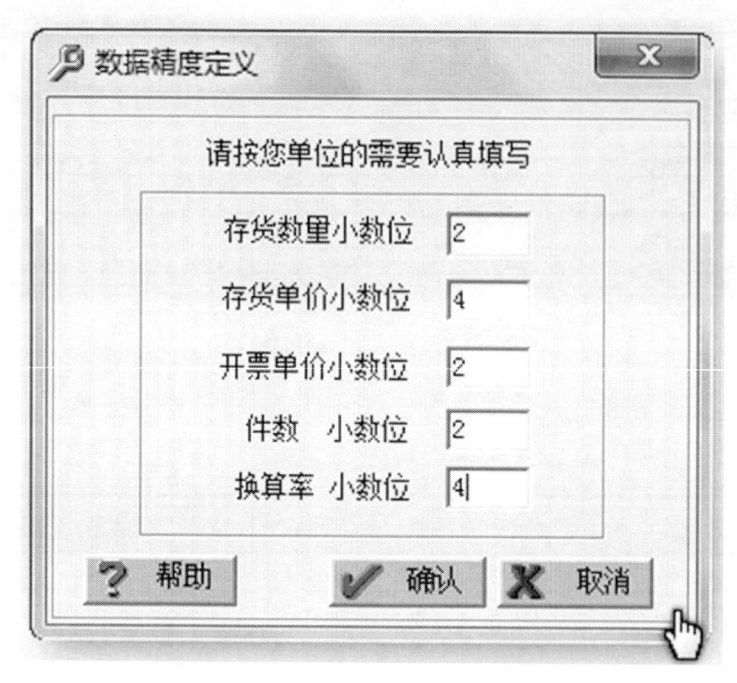

圖2-1-8 　"資料精度定義"對話方塊

（7）按一下【確認】按鈕，系統彈出提示"創建賬套{鯨咚公司：[001]}成功"。

（8）按一下【確定】按鈕，系統彈出提示"是否立即啟用賬套？"，按一下【是】按鈕，進入"系統啟用"視窗。

四、系統啟用

（1）在"系統啟用"視窗中，選中"總帳"系統前的核取方塊，系統彈出"日曆"視窗，選擇總帳啟用日期為"2015-12-01"，如圖2-1-9所示。

（2）按一下【確定】按鈕，彈出系統提示"確定要啟用當前系統嗎？"，按一下【是】按鈕返回到"系統啟用"視窗，總帳系統啟用完成。其他子系統的啟用，同理。

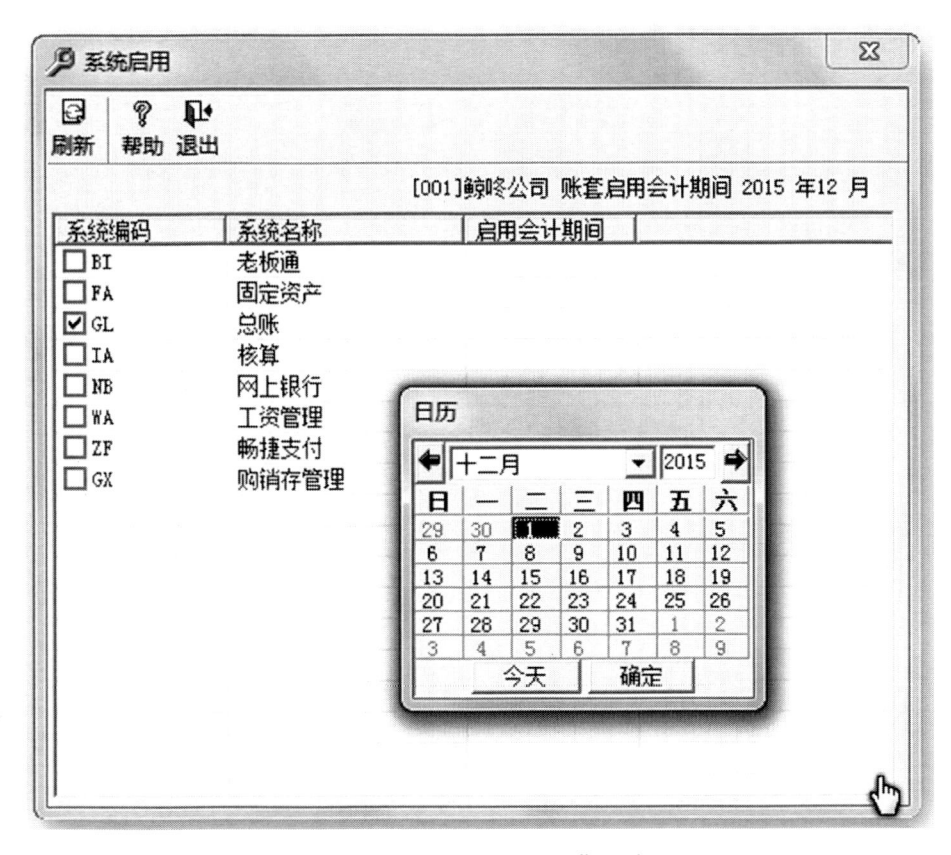

圖 2-1-9　"系統啟用"視窗

五、設置操作人員許可權

1. 指定賬套主管

指定賬套主管可以在兩個環節進行。一是建立賬套環節，二是許可權設置環節。由於在建立賬套時已直接指定賬套主管，則系統自動賦予賬套主管鄭苑擁有 001

賬套的全部操作許可權。所以在此環節無須做任何操作，可直接開始對其他操作人員賦權。

2. 為其他操作人員賦權

（1）執行"許可權"｜"許可權"命令，進入"操作員許可權"視窗。

（2）從操作員清單中選擇"胡悅"，按一下【增加】按鈕，打開"增加許可權——[2]"對話方塊。

（3）在產品分類選擇清單中按兩下"GL 總帳"，使之變為藍色，右側與總帳相對應的明細專案即自動選中（藍色顯示）。根據表 2-1-1 依次選擇胡悅擁有的其他產品的功能許可權，如圖 2-1-10 所示。完成後，按一下【確定】按鈕返回。

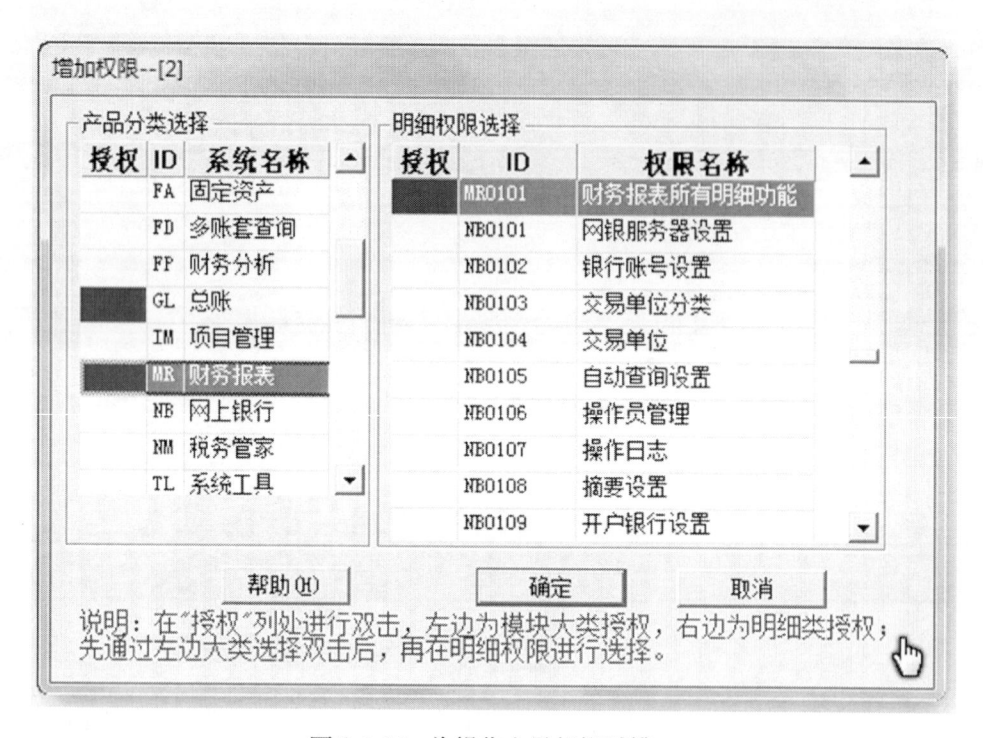

圖 2-1-10　為操作人員胡悅賦權

（4）同理，根據表 2-1-1 為餘下的操作人員賦權。

相關知識

（1）一個賬套可以設定多個賬套主管，但整個系統只有一個系統管理員。

（2）在建立賬套前應由系統預設的管理員"admin"登錄。系統管理員"admin"沒有密碼，即密碼為空。在實際工作中，為了保證系統的安全，必須為系統管理員設置密碼。

任務評價

表 2-1-2　系統管理初始化評價表

評價內容	評價標準	分值	學生自評	老師評估
增加操作人員	根據企業財務人員設置情況，正確設置所有操作人員	20 分		
建立賬套	完整錄入帳套資訊，沒有缺漏	30 分		
啟用賬套	成功啟用賬套	5 分		
操作人員許可權	根據企業的實際情況，為每位操作人員賦權	30 分		
情感評價	安全意識 法制意識 責任意識 自主學習能力 獨立思考能力 團結協作能力 吃苦耐勞 心理健康	15 分		

學習體會：

任務二　基礎檔案設置

任務目標

新建賬套成功後，基礎檔案設置的完善與否對賬套的啟用能否成功尤為重要。基礎檔案設置主要包括"機構設置""往來單位""會計科目""憑證類別""收付結算"等子任務。根據企業經營管理的實際情況，逐一規範設置。

任務分析

在完成任務一的基礎上，以賬套主管"鄭苑"的身份註冊進入用友 T3 主介面完成以下操作。

（1）設置機構。

表 2-2-1　部門資訊

部門編碼	部門名稱
1	總經辦
2	財務部
3	人事部
4	物流部
5	採購部
6	銷售部

表 2-2-2　職員資訊

職員編號	職員名稱	所屬部門	職員編號	職員名稱	所屬部門
101	張三	總經辦	601	龍東	銷售部
102	王一	總經辦	602	周怡	銷售部
201	鄭苑	財務部	603	程梅	銷售部
202	胡悅	財務部	604	謝吉	銷售部
203	肖蜀	財務部	605	付野	銷售部
301	鐘強	人事部	606	高隱	銷售部
401	劉傑	物流部	607	何密	銷售部
402	趙懿	物流部	608	馬輝	銷售部
501	田晶	採購部	609	呂蘭	銷售部
502	包鑫	採購部			

表 2-2-3　客戶檔案

客戶編號	客戶名稱	客戶簡稱	納稅人登記號	開戶銀行	銀行帳號
001	重慶雙銳有限責任公司	重慶雙銳	500109XXX503332	建行渝北支行	50001093600050333XX2
002	重慶景泰有限責任公司	重慶景泰	500107XXX777777	建行渝北支行	50001073600050111 5X7
003	重慶美鎂有限責任公司	重慶美鎂	500108XXX666666	建行北碚支行	50001083611150333XX3
004	個人	個人			

表 2-2-4　供應商檔案

供應商編號	供應商名稱	供應商簡稱
001	重慶 Ad 運動裝有限公司	重慶 Ad
002	重慶 Ni 休閒裝有限公司	重慶 Ni

（3）設置會計科目。

由於在任務一中選擇了"按行業性質預置科目"，因此在此只需要根據企業實際情況，在系統預設的會計科目體系基礎上，按照表 2-2-5 給出的資料相應增加、修改會計科目，並指定會計科目即可。

表 2-2-5　會計科目

科目編號及名稱	輔助核算	計量單位	操作提示
庫存現金（1001）	日記帳		修改、指定會計科目
銀行存款（1002）	日記帳、銀行賬		修改、指定會計科目
建行北碚支行（100201）	日記帳、銀行賬		增加會計科目
應收賬款（1122）	客戶往來		修改會計科目
其他應收款（1221）	個人往來		修改會計科目
Ad 運動裝（140501）	數量核算	套	增加會計科目
Ni 休閒裝（140502）	數量核算	套	增加會計科目
應付帳款（2202）	供應商往來		修改會計科目
應交增值稅（222101）			增加會計科目
進項稅額（22210101）			增加會計科目
銷項稅額（22210102）			增加會計科目
未交增值稅（22210103）			增加會計科目

科目編號及名稱	輔助核算	計量單位	操作提示
應交城建稅（222102）			增加會計科目
應交教育費附加（222103）			增加會計科目
應交地方教育費附加（222104）			增加會計科目
建行利息（223101）			增加會計科目
重慶鮮美餐飲公司（224101）			增加會計科目
重慶市電力公司（224102）			增加會計科目
重慶市自來水有限公司（224103）			增加會計科目
重慶中宗快遞公司（224104）			增加會計科目
未分配利潤（410401）			增加會計科目
電費（660101）			增加會計科目
水費（660102）			增加會計科目
工資及福利費（660103）			增加會計科目
五險一金（660104）			增加會計科目
折舊費（660105）			增加會計科目
電費（660201）			增加會計科目
水費（660202）			增加會計科目
工資及福利費（660203）			增加會計科目
工會經費（660204）			增加會計科目
職工教育經費（660205）			增加會計科目
五險一金（660206）			增加會計科目
差旅費（660207）			增加會計科目
通訊費（660208）			增加會計科目
折舊費（660209）			增加會計科目
辦公費（660210）			增加會計科目
印花稅（660211）			增加會計科目

（4）設置憑證類別。

類別名稱	限制類型	限制科目
記帳憑證	無限制	無

(5) 設置收付結算。

表 2-2-7　結算方式

結算方式編碼	結算方式名稱	票據管理
1	現金結算	否
2	網銀結算	否
3	其他	否

表 2-2-8　開戶銀行

編號	開戶銀行	銀行帳號
01	中國建設銀行重慶北碚支行	5000109360005088889X9

任務實施

一、設置機構

1. 輸入部門資訊

（1）滑鼠按兩下桌面的"T3"程式圖示，或執行"開始"｜"程式"｜"用友T3系列管理軟體"｜"T3"命令，打開"註冊【控制台】"對話方塊。以"鄭苑"的身份登錄，如圖 2-2-1 所示，按一下【確定】按鈕，進入用友 T3 主介面。

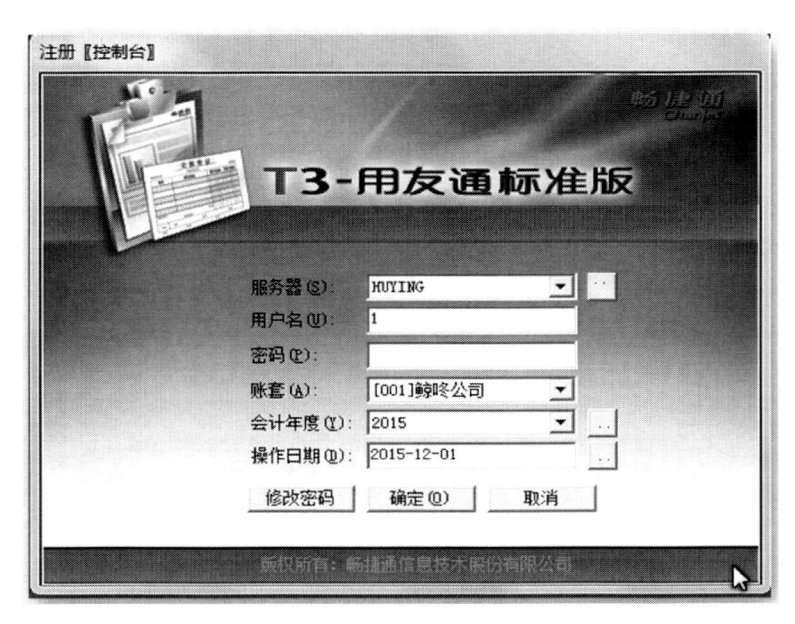

圖 2-2-1　"註冊【控制台】"對話方塊

(2) 執行"基礎設置"｜"機構設置"｜"部門檔案"命令，進入"部門檔案"視窗。

(3) 按一下【增加】按鈕，輸入部門編碼、部門名稱資訊，按一下【保存】按鈕。根據表 2-2-1 錄入相關資訊，完成後如圖 2-2-2 所示。

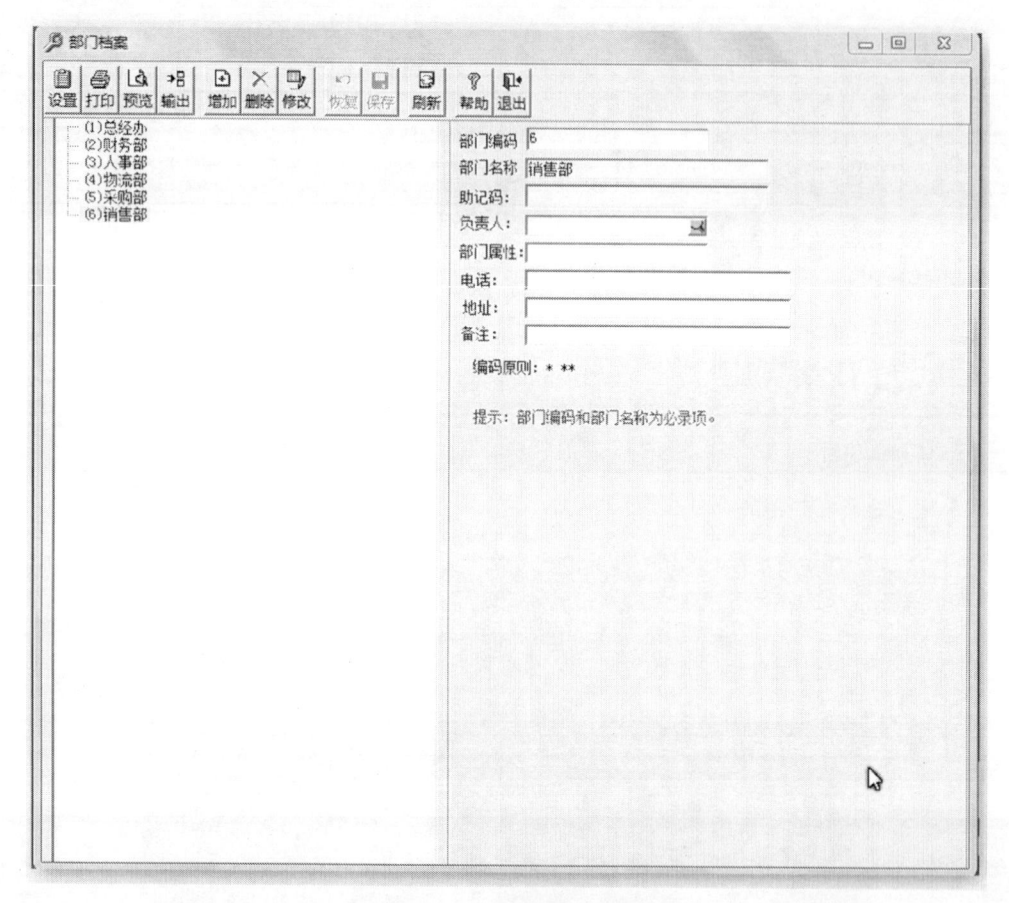

圖 2-2-2　部門檔案資訊

2. 建立職員檔案

(1) 在用友 T3 主介面，執行"基礎設置"｜"機構設置"｜"職員檔案"命令，進入"職員檔案"視窗。

(2) 輸入職員編號、職員名稱，輸入完成後，回車進入下一行，上一行內容自動保存。根據表 2-2-2 依次錄入相關資訊，完成後如圖 2-2-3 所示。

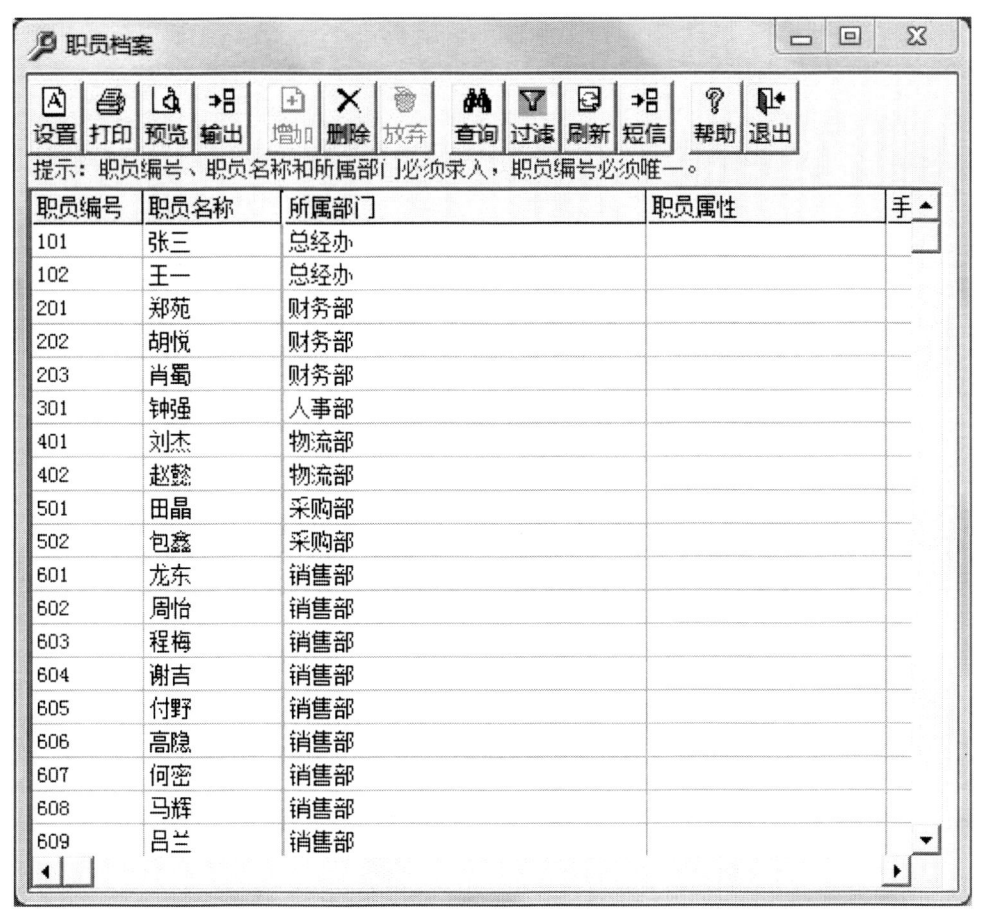

圖 2-2-3　建立職員檔案

二、設置往來單位

1. 建立客戶檔案

（1）在用友 T3 主介面，執行"基礎設置"｜"往來單位"｜"客戶檔案"命令，打開"客戶檔案"對話方塊。

（2）按一下【增加】按鈕，出現"客戶檔案卡片"對話方塊。

（3）在"客戶檔案卡片"對話方塊中，選擇"基本"標籤頁。

（4）根據表 2-2-3，輸入"重慶雙銳有限責任公司"的基本資訊，輸入各項內容後按一下【保存】按鈕。

（5）重複以上步驟，完成其他客戶的基本資訊錄入，完成後按一下【退出】按鈕，返回。

2. 建立供應商檔案

供應商檔案設置步驟與客戶檔案設置步驟基本一致，從略。

三、設置會計科目

1. 增加會計科目

下面以會計科目"100201 建行北碚支行"為例說明其操作步驟。

（1）在用友 T3 主介面，執行"基礎設置"｜"財務"｜"會計科目"命令，進入"會計科目"視窗。

（2）按一下【增加】按鈕，打開"會計科目_新增"對話方塊，依次輸入科目編碼、科目中文名稱等內容，並勾選日記帳、銀行賬，如圖 2-2-4 所示。

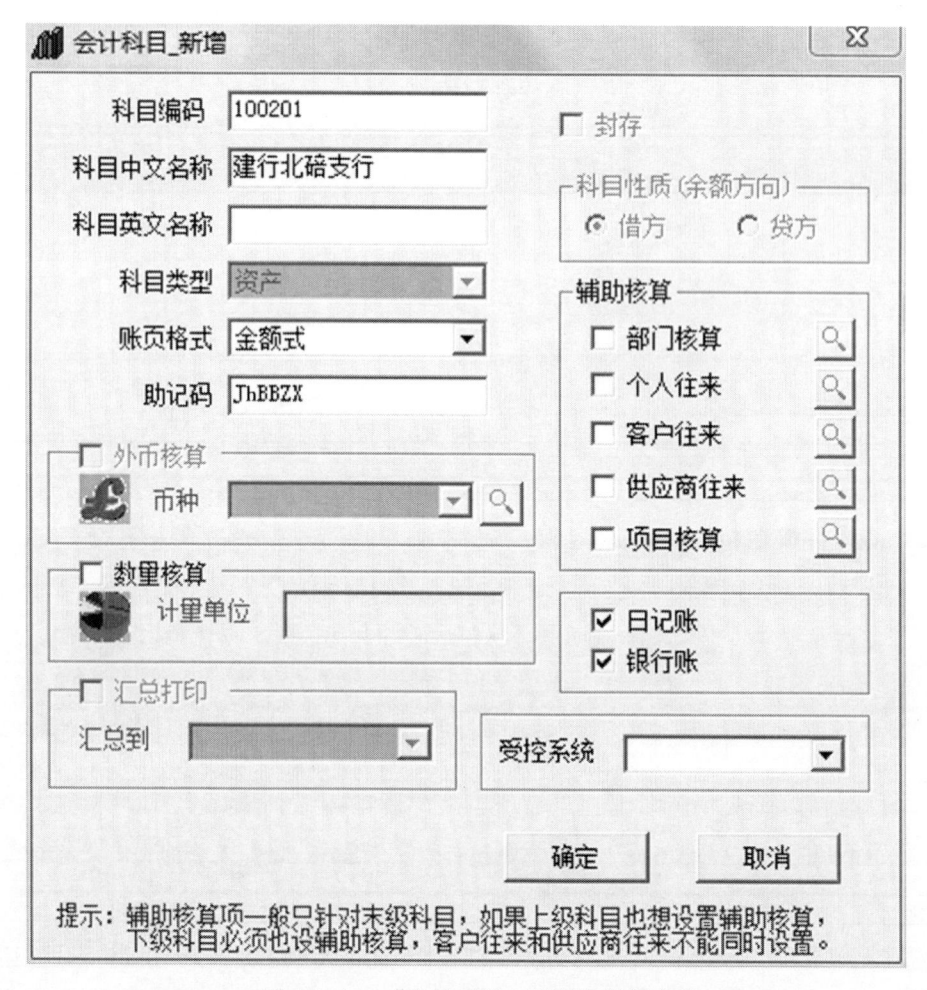

圖 2-2-4　"會計科目_新增"對話方塊

(3) 按一下【確定】按鈕，保存。重複上述步驟，可繼續增加其他會計科目。

2. 修改會計科目

下面以會計科目"1001 庫存現金"為例說明其操作步驟。

(1) 按兩下"1001 庫存現金"科目，進入"會計科目＿修改"對話方塊。

(2) 按一下【修改】按鈕，選中"日記帳"核取方塊，如圖2-2-5所示。按一下【確定】按鈕，保存修改。同理修改其他會計科目，在此不再贅述。

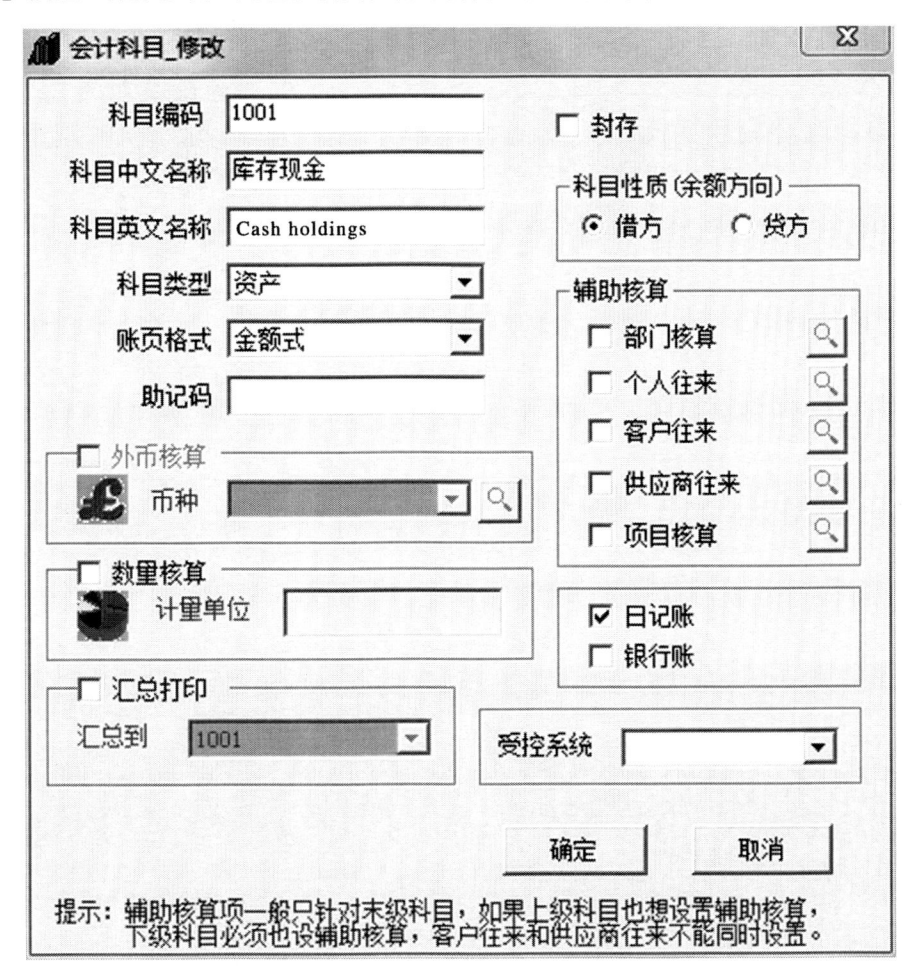

圖 2-2-5　"會計科目＿修改"對話方塊

3. 指定會計科目

(1) 在會計科目視窗中，執行"編輯"｜"指定科目"命令，打開"指定科目"對話方塊。

(2) 選中"現金總帳科目"選項按鈕，從待選科目清單方塊中選擇"1001 庫存現金"科目，按一下【＞】按鈕，將現金科目添加到已選科目列表中，如圖2-2-6所示。

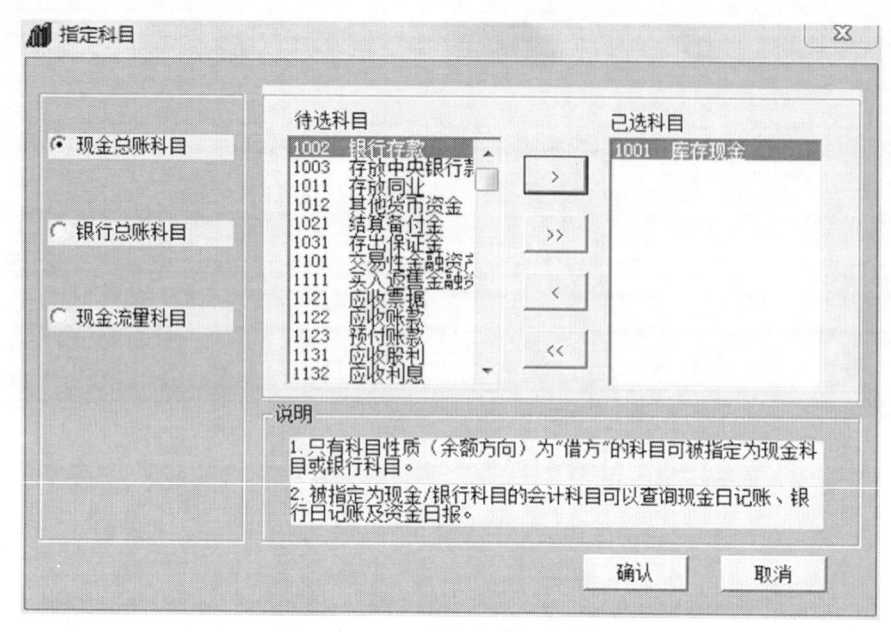

圖 2-2-6　"指定科目"對話方塊

(3) 同理，將銀行存款科目設置為銀行總帳科目。

(4) 按一下【確認】按鈕保存操作。

四、設置憑證類別

(1) 在用友 T3 主介面，執行"基礎設置"｜"財務"｜"憑證類別"命令，打開"憑證類別預置"對話方塊。

(2) 選中"記帳憑證"分類方式，如圖 2-2-7 所示。

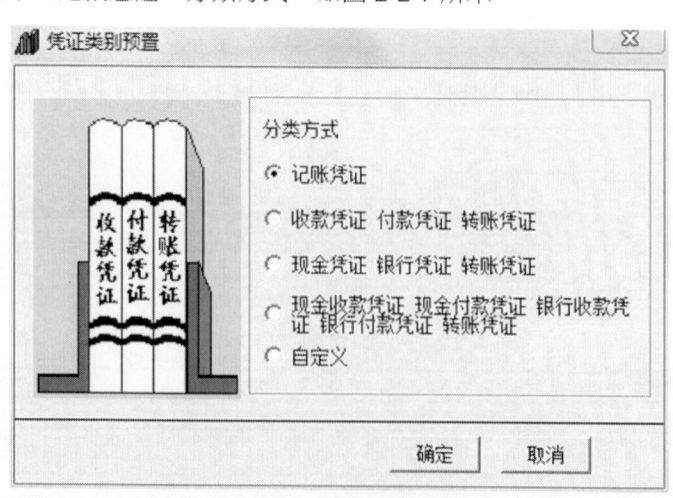

圖 2-2-7　"憑證類別預置"對話方塊

（3）按一下【確定】按鈕，進入"憑證類別"視窗。預設系統設置，直接按一下【退出】按鈕，完成設置。

五、設置收付結算

1. 設置結算方式

（1）在用友 T3 主介面，執行"基礎設置"｜"收付結算"｜"結算方式"命令，進入"結算方式"視窗。

（2）根據表 2-2-7 錄入結算方式，如圖 2-2-8 所示。

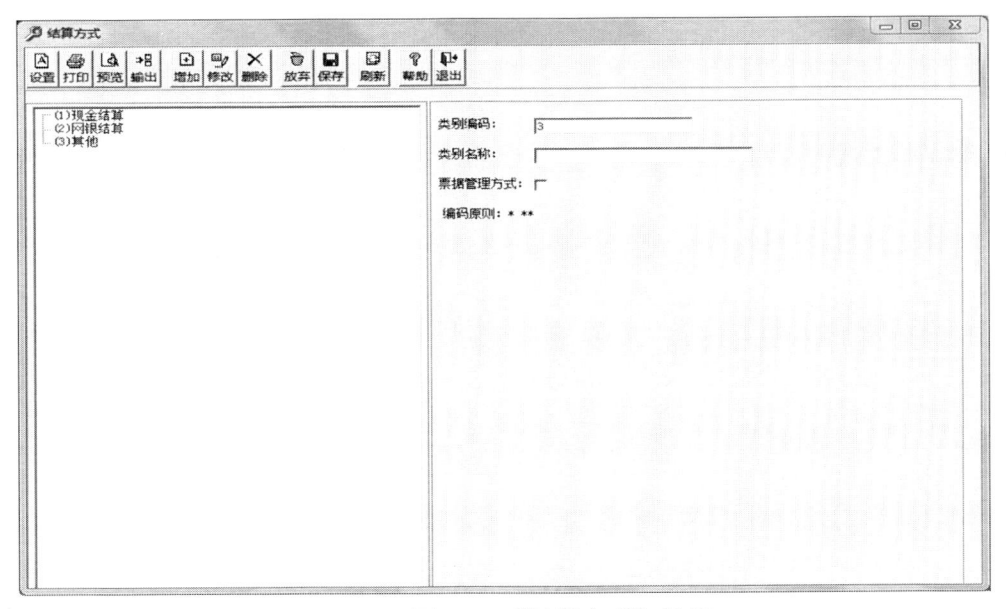

圖 2-2-8 "結算方式"視窗

2. 設置開戶銀行

在用友 T3 主介面，執行"基礎設置"｜"收付結算"｜"開戶銀行"命令，根據表 2-2-8 錄入開戶銀行資訊。

相關知識

（1）客戶檔案和供應商檔案都必須建立在最末級分類之下。

（2）供應商分類編碼必須唯一。供應商分類的編碼必須符合編碼原則。

（3）只有指定"現金總帳科目"和"銀行總帳科目"才能進行出納簽字，才能查詢現金日記帳和銀行存款日記帳。若想完成出納簽字的操作還應在總帳系統的選項中設置"出納憑證必須經由出納簽字"。

（4）設置結算方式的目的，一是提高銀行對賬的效率，二是根據業務自動生成憑證時可以識別相關的科目。

任務評價

表 2-2-9　基礎檔案設置評價表

評價內容	評價標準	分值	學生自評	老師評估
機構設置	能正確設置部門檔案、職員檔案	20 分		
往來單位設置	能正確設置客戶檔案、供應商檔案	20 分		
會計科目設置	能正確增加、修改會計科目，並指定會計科目	30 分		
憑證類別設置	能正確設置憑證類別	5 分		
收付結算設置	能正確設置結算方式和開戶銀行	10 分		
情感評價	安全意識 法制意識 責任意識 自主學習能力 獨立思考能力 團結協作能力 吃苦耐勞 心理健康	15 分		

學習體會：

任務三　總帳管理系統初始化

任務目標

基礎檔案設置就緒後，根據企業總分類帳及明細帳的期初資料，在"總帳管理系統初始化"任務中，完成"總帳管理系統選項設置"及"期初餘額的錄入"。

任務分析

在完成任務二的基礎上，以賬套主管"鄭苑"的身份註冊進入用友 T3 主介面完成以下操作：

（1）設置總帳參數。

表 2-3-1　總帳控制參數

選項卡	控制物件	參數設置
憑證	制單控制	制單序時控制 資金及往來赤字控制 允許查看他人填制的憑證 可以使用其他系統受控科目
	憑證控制	列印憑證頁腳姓名 出納憑證必須經由出納簽字
	憑證編號方式	系統編號
	預算控制	進行預算控制

（2）輸入期初餘額並試算平衡。

①總帳期初餘額明細表。

表 2-3-2　總帳期初餘額明細表

單位：元

科目編號及名稱	方向	幣別/計量	期初餘額
庫存現金（1001）	借		20000.00
銀行存款（1002）	借		325600.68
建行北碚支行（100201）	借		325600.68
應收賬款（1122）	借		205600.00

科目編號及名稱	方向	幣別/計量	期初餘額
其他應收款（1221）	借		12000.00
庫存商品（1405）	借		15150.00
Ad 運動裝（140501）	借		5700.00
		套	20.00
Ni 休閒裝（140502）	借		9450.00
		套	30.00
固定資產（1601）	借		1128500.00
累計折舊（1602）	貸		296908.91
短期借款（2001）	貸		200000.00
應付帳款（2202）	貸		123000.00
應付職工薪酬（2211）	貸		26301.92
應交稅費（2221）	貸		8792.29
應交增值稅（222101）	貸		7850.25
未交增值稅（22210103）	貸		7850.25
應交城建稅（222102）	貸		549.52
應交教育費附加（222103）	貸		235.51
應交地方教育費附加（222104）	貸		157.01
應付利息（2231）	貸		3000.00
建行利息（223101）	貸		3000.00
其他應付款（2241）	貸		49230.00
重慶鮮美餐飲公司（224101）	貸		23000.00
重慶電力公司（224102）	貸		1600.00
重慶水廠（224103）	貸		630.00
重慶中宗快遞公司（224104）	貸		24000.00
實收資本（4001）	貸		800000.00
本年利潤（4103）	貸		137508.36
利潤分配（4104）	貸		62109.20
未分配利潤（410401）	貸		62109.20

②輔助賬期初餘額明細表。

表 2-3-3　應收賬款期初餘額明細表

日期	客戶	摘要	方向	金額（元）
2015-11-30	重慶雙銳有限責任公司	銷貨款	借	27600.00
2015-11-30	重慶景泰有限責任公司	銷貨款	借	100000.00
2015-11-30	重慶美鎂有限責任公司	銷貨款	借	78000.00

表 2-3-4　其他應收款期初餘額明細表

日期	部門	個人	摘要	方向	金額（元）
2015-11-30	總經辦	張三	借款	借	4000.00
2015-11-30	人事部	鐘強	借款	借	8000.00

表 2-3-5　應付帳款期初餘額明細表

日期	供應商	摘要	方向	金額（元）
2015-11-30	重慶 Ad 運動裝有限公司	購貨款	貸	68000.00
2015-11-30	重慶 Ni 休閒裝有限公司	購貨款	貸	55000.00

任務實施

一、設置總帳選項

（1）在用友 T3 主介面，執行"總帳"｜"設置"｜"選項"命令，打開"選項"對話方塊。

（2）選擇"憑證"選項卡，根據表 2-3-1 進行憑證參數設置，如圖 2-3-1 所示。

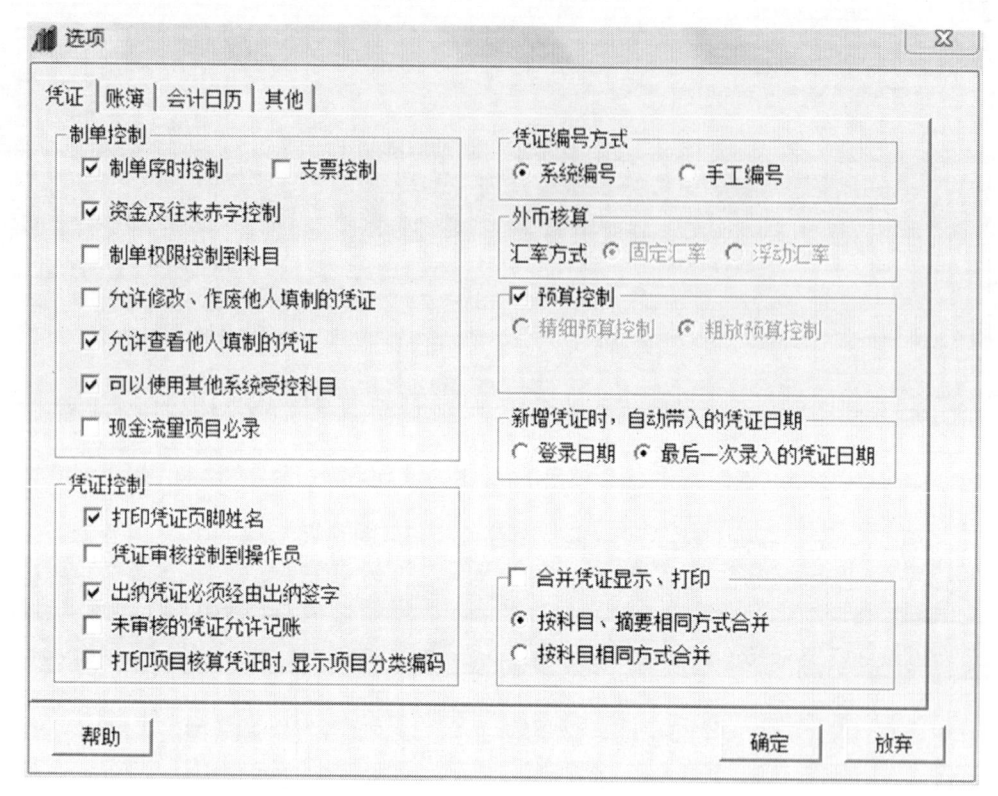

圖 2-3-1　"憑證"選項卡

（3）設置完成後，按一下【確定】按鈕返回。

二、輸入期初餘額並試算平衡

（1）在用友T3主介面，執行"總帳"｜"設置"｜"期初餘額"命令，進入"期初餘額錄入"視窗。

（2）直接輸入末級科目（底色為白色）期初餘額，上級科目的餘額自動匯總計算。

（3）設置了輔助核算的科目底色顯示為藍色，其累計發生額可直接輸入，但期初餘額的錄入要到相應的輔助賬視窗按明細輸入每個輔助核算科目的金額，如圖2-3-2"應收賬款期初餘額的錄入"，其餘帶輔助核算的科目的期初餘額的錄入，同理。

（4）完成後按一下【退出】按鈕，輔助賬餘額自動帶到總帳。

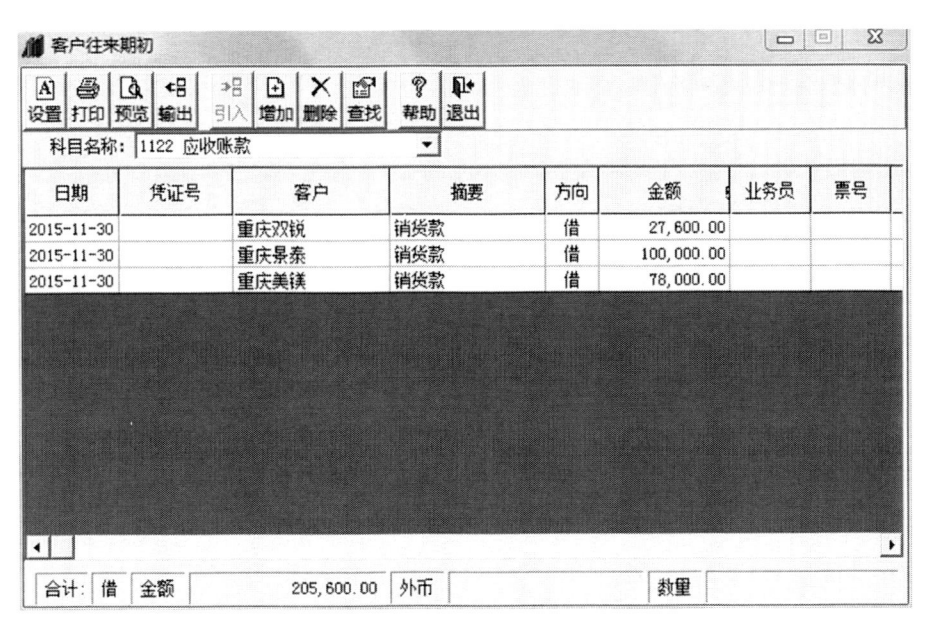

圖 2-3-2 "客戶往來期初"錄入視窗

（5）輸完所有科目餘額後，按一下【試算】按鈕，打開"期初試算平衡表"對話方塊，如圖 2-3-3 所示。試算平衡後，按一下【確認】按鈕。

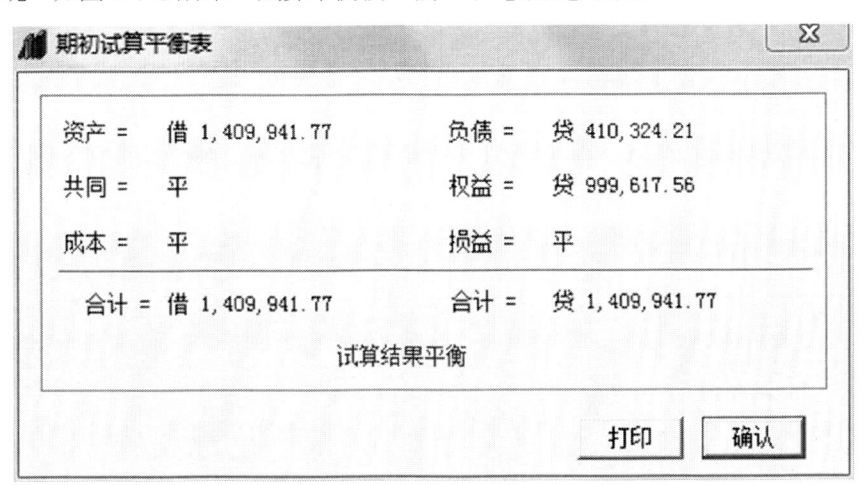

圖 2-3-3 "期初試算平衡表"對話方塊

相關知識

（1）總帳管理系統的啟用日期必須大於等於系統的啟用日期。

（2）期初餘額試算不平衡，將不能記帳，但可以填制憑證。

（3）已經記過帳，則不能再輸入、修改期初餘額，也不能執行"結轉上年餘額"功能。

任務評價

表 2-3-6　總帳管理系統初始化評價表

評價內容	評價標準	分值	學生自評	老師評估
設置總帳選項	能正確設置總帳控制參數	10 分		
總帳科目期初餘額錄入	能完整、正確地錄入總帳科目期初餘額	40 分		
輔助賬科目期初餘額錄入	能完整、正確地錄入輔助賬科目期初餘額	30 分		
試算平衡檢查	試算結果平衡	5 分		
情感評價	安全意識 法制意識 責任意識 自主學習能力 獨立思考能力 團結協作能力 吃苦耐勞 心理健康	15 分		
學習體會：				

任務四　購銷存管理系統初始化

任務目標

根據企業經營管理需要，在"購銷存管理系統初始化"任務中，對物料進行科學編碼，完善物料的基礎資訊，準確錄入期初的數量、單價及金額，以便於物料的有效控制與成本核算。

任務分析

在完成任務三的基礎上，以賬套主管"鄭苑"的身份完成以下操作：

(1) 啟用購銷存管理系統、核算系統。

(2) 設置基礎資訊。

表 2-4-1　存貨檔案

存貨編碼	存貨名稱	計量單位	稅率（%）	存貨屬性	參考成本（元）	啟用日期
101	Ad 運動裝	套	17	銷售、外購	285.00	2015-12-01
102	Ni 休閒裝	套	17	銷售、外購	315.00	2015-12-01

表 2-4-2　倉庫檔案

倉庫編碼	倉庫名稱	所屬部門	負責人	計價方式
1	服裝庫	物流部	趙懿	全月平均法

表 2-4-3　收發類別

收發類別編碼	收發類別名稱	收發標誌
1	入庫類別	收
11	採購入庫	收
2	出庫類別	發
21	銷售出庫	發

表 2-4-4　費用專案

費用專案編號	費用項目名稱	備註
01	快遞費	

（3）設置基礎科目。

表 2-4-5　存貨科目

倉庫編碼	倉庫名稱	存貨科目
1	服裝庫	Ad 運動裝（140501）

表 2-4-6　存貨對方科目

收發類別	對方科目
採購入庫	銀行存款 / 建行北碚支行（100201）
銷售出庫	主營業務成本（6401）

（4）輸入期初資料。

表 2-4-7　庫存 / 存貨期初資料

倉庫名稱	存貨編碼	存貨名稱	數量	單價（元）
服裝庫	101	Ad 運動裝	20	285.00
服裝庫	102	Ni 休閒裝	30	315.00

表 2-4-8　客戶往來期初資料

日期	客戶	部門名稱	科目	貨物名稱	數量	單價（元）
2015-11-30	重慶雙銳有限責任公司	銷售部	1122	Ad 運動裝	80	345.00
2015-11-30	重慶景泰有限責任公司	銷售部	1122	Ni 休閒裝	250	400.00
2015-11-30	重慶美鎂有限責任公司	銷售部	1122	Ni 休閒裝	195	400.00

表 2-4-9　供應商往來期初資料

日期	發票號	供應商	部門名稱	科目	存貨名稱	金額（元）
2015-11-30	018750	重慶 Ad 運動裝有限公司	採購部	2202	101	68000.00
2015-11-30	018798	重慶 Ni 休閒裝有限公司	採購部	2202	102	55000.00

任務實施

一、啟用購銷存管理系統、核算系統

(1) 啟動系統管理程式，並以賬套主管"鄭苑"的身份註冊登錄系統。

(2) 執行"賬套"｜"啟用"命令，彈出"系統啟用"對話方塊。

(3) 選中"購銷存管理"核取方塊，彈出"日曆"對話方塊。

(4) 選擇日期"2015 年 12 月 1 日"，如圖 2-4-1 所示。

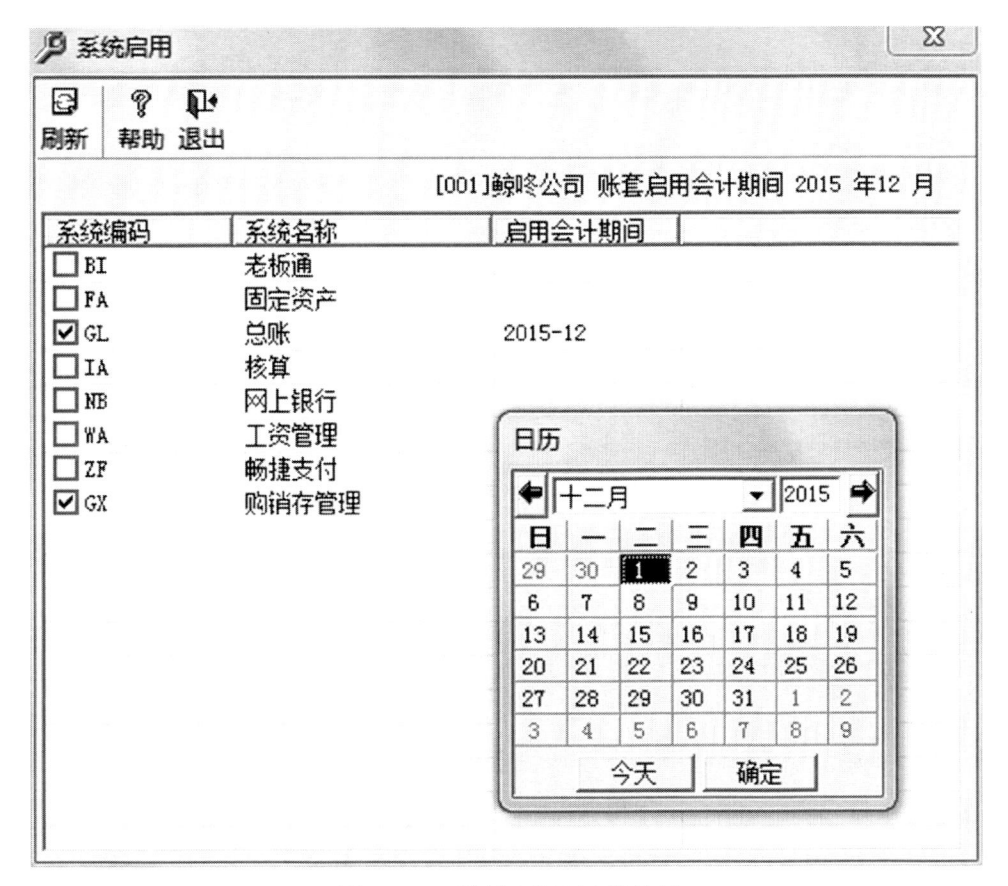

圖 2-4-1　購銷存管理系統啟用

(5) 按一下【確定】按鈕。再按一下【是】按鈕。

(6) 同理，啟用"核算"子系統，如圖 2-4-2 所示。

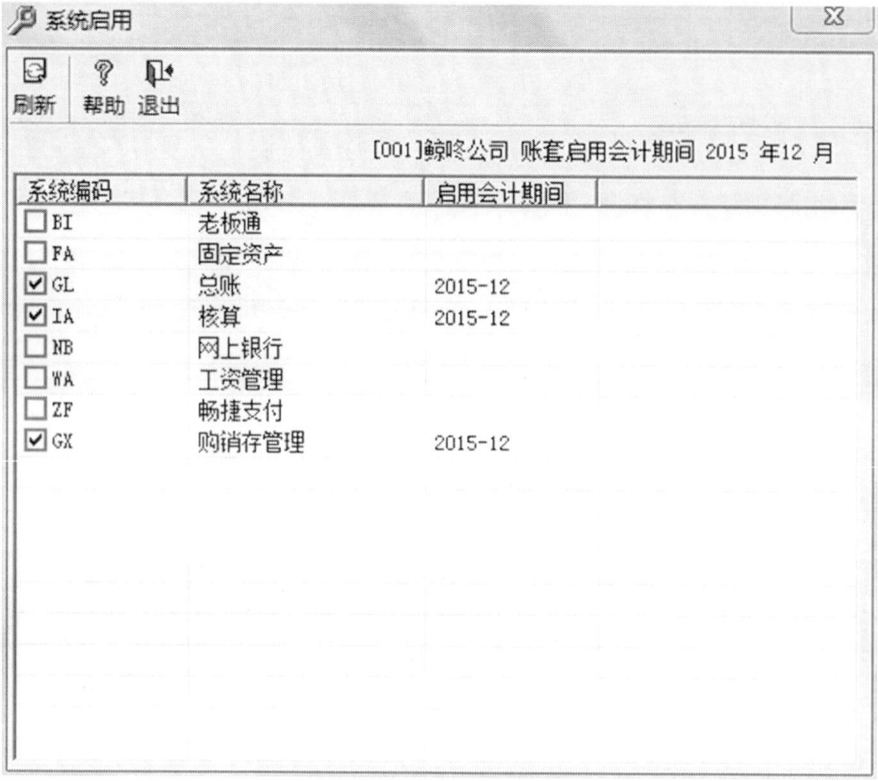

圖 2-4-2　核算系統啟用

二、設置基礎資訊

（1）設置存貨檔案。

在用友 T3 主介面，執行"基礎設置"｜"存貨"｜"存貨檔案"命令，根據表 2-4-1 輸入存貨檔案資訊，如圖 2-4-3 所示。

（2）設置倉庫檔案。

在用友 T3 主介面，執行"基礎設置"｜"購銷存"｜"倉庫檔案"命令，根據表 2-4-2 輸入倉庫檔案資訊。

（3）設置收發類別。

在用友 T3 主介面，執行"基礎設置"｜"購銷存"｜"收發類別"命令，根據表 2-4-3 輸入收發類別資訊。

（4）設置費用專案。

在用友 T3 主介面，執行"基礎設置"｜"購銷存"｜"費用專案"命令，根據表 2-4-4 輸入費用專案資訊。

圖 2-4-3　設置存貨檔案

三、設置基礎科目

（1）存貨科目。

在用友T3主介面，執行"核算"｜"科目設置"｜"存貨科目"命令，根據表2-4-5輸入存貨科目資訊，如圖2-4-4所示。

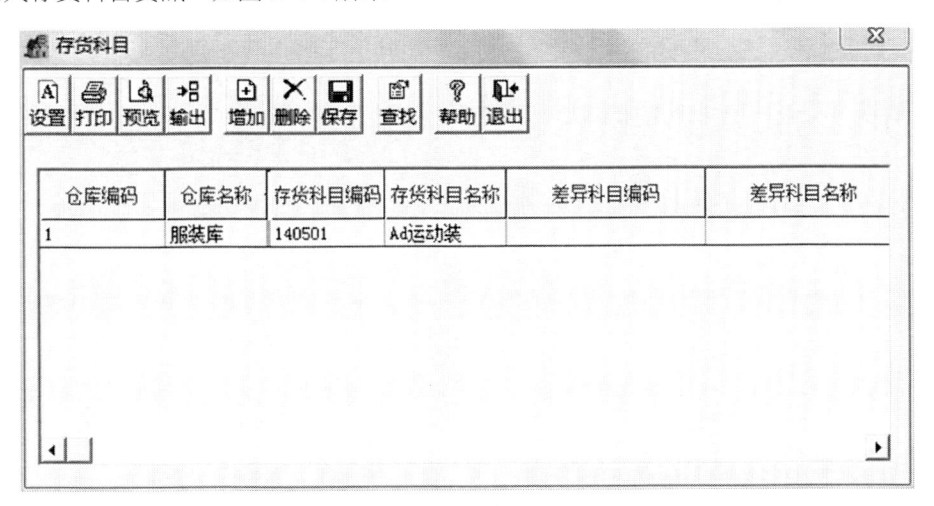

圖 2-4-4　設置存貨科目

（2）存貨對方科目。

在用友 T3 主介面，執行"核算"｜"科目設置"｜"存貨對方科目"命令，根據表 2-4-6 輸入存貨對方科目資訊。

四、輸入期初資料

1. 輸入採購模組期初資料並記帳

本企業採購模組無期初資料，但要執行期初記帳。

（1）在用友 T3 主介面，執行"採購"｜"期初記帳"命令，彈出"期初記帳"提示框。

（2）按一下【記帳】按鈕稍候片刻，系統提示"期初記帳完畢"。

（3）按一下【確定】按鈕返回。

2. 輸入庫存 / 存貨期初資料並記帳

存貨的期初餘額既可以在庫存模組中錄入，也可以在核算模組中錄入，只要在其中一個模組輸入，另一個模組中就會自動獲得期初庫存資料。本書在核算模組中錄入。

（1）在用友 T3 主介面，執行"核算"｜"期初資料"｜"期初餘額"命令，進入"期初餘額"視窗。

（2）先選擇倉庫，然後再按一下【增加】按鈕，根據表 2-4-7 輸入庫存期初資料，再單擊【保存】按鈕，如圖 2-4-5 所示。

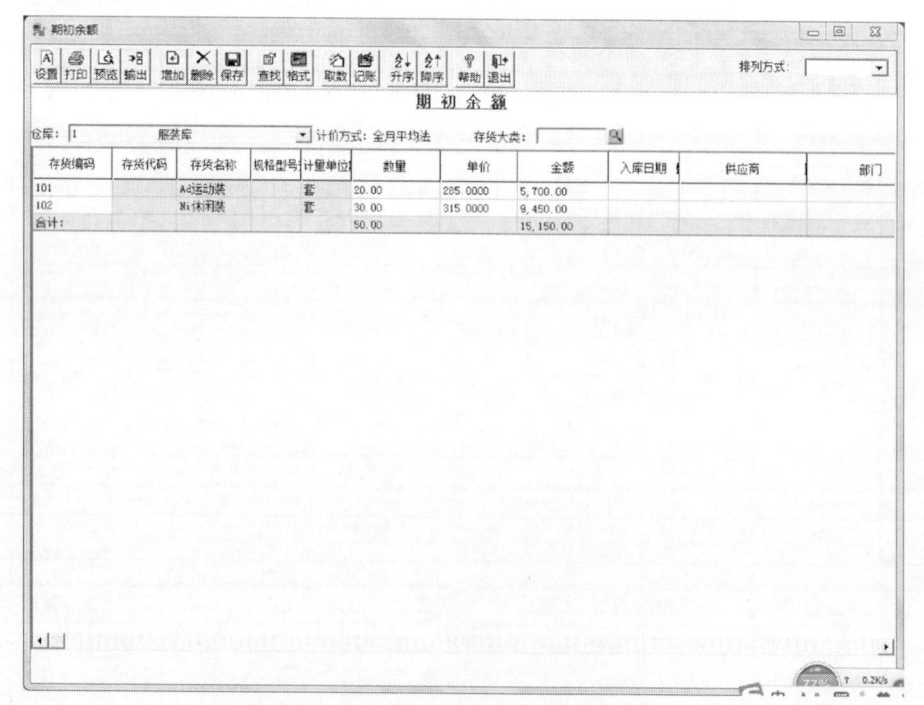

圖 2-4-5　錄入庫存 / 存貨期初資料

(3) 按一下【記帳】按鈕，系統對所有倉庫進行記帳，系統提示"期初記帳成功！"。

3. 輸入客戶往來期初資料並對賬

(1) 在用友 T3 主介面，執行"銷售"｜"客戶往來"｜"客戶往來期初"命令，打開"期初餘額——查詢"對話方塊，按一下【確認】按鈕，進入"期初餘額明細表"視窗。

(2) 按一下工具列上的【增加】按鈕，打開"單據類別"對話方塊，單據類型選擇"普通發票"，按一下【確認】按鈕，進入"銷售普通發票"視窗。

(3) 根據表 2-4-8 輸入應收期初資料，如圖 2-4-6 所示。錄入完成後，按一下【保存】按鈕，再按一下【退出】按鈕。

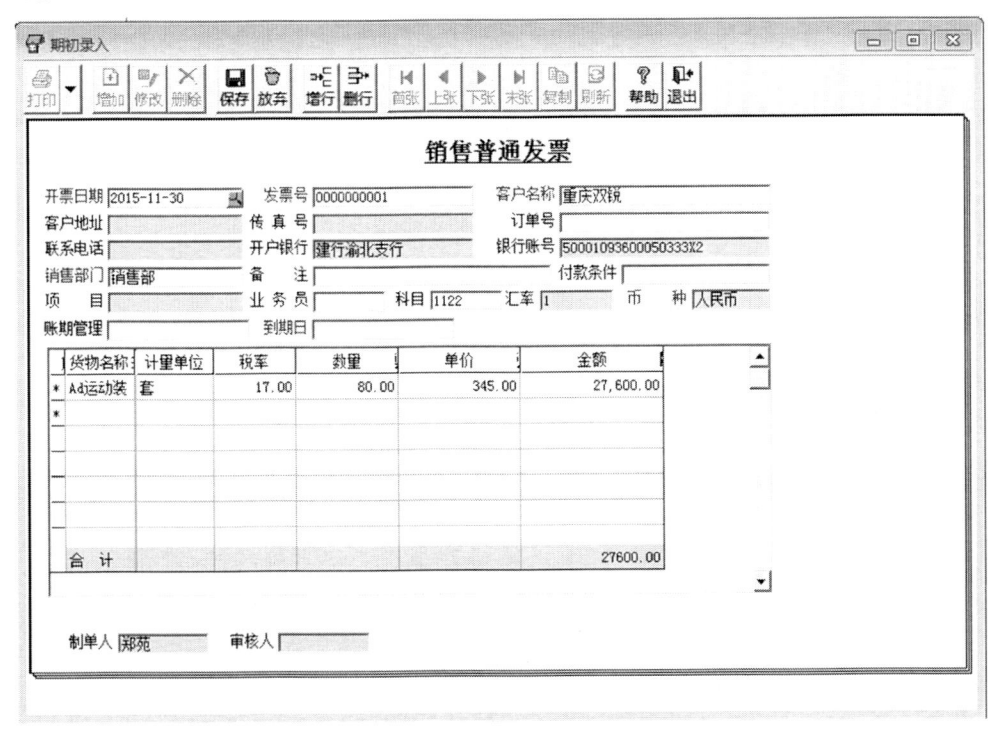

圖 2-4-6　錄入應收期初資料

(4) 在期初餘額明細表視窗，按一下【對賬】按鈕，與總帳系統進行對賬，如圖 2-4-7 所示。

4. 輸入供應商往來期初資料並對賬

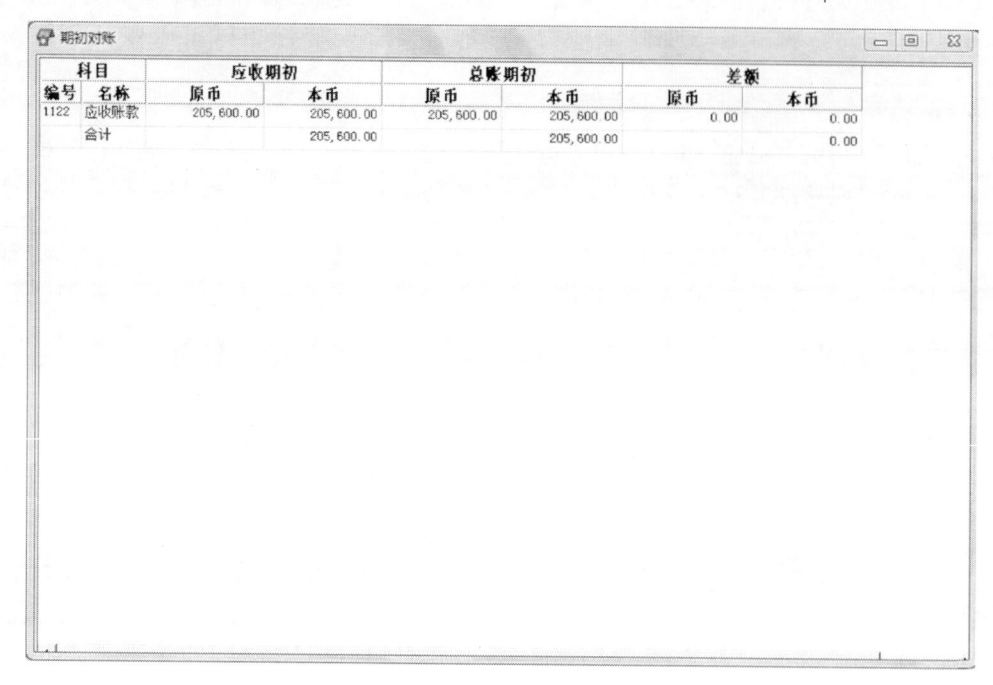

科目		應收期初		總賬期初		差額	
編号	名称	原币	本币	原币	本币	原币	本币
1122	应收账款	205,600.00	205,600.00	205,600.00	205,600.00	0.00	0.00
	合计		205,600.00		205,600.00		0.00

圖 2-4-7　客戶往來應收與總帳期初對賬

在用友 T3 主介面，執行"採購"｜"供應商往來"｜"供應商往來期初"命令，打開"期初餘額——查詢"對話方塊，根據表 2-4-9 錄入供應商往來期初資料資訊。操作步驟與客戶往來期初資料錄入同理，如圖 2-4-8 所示。

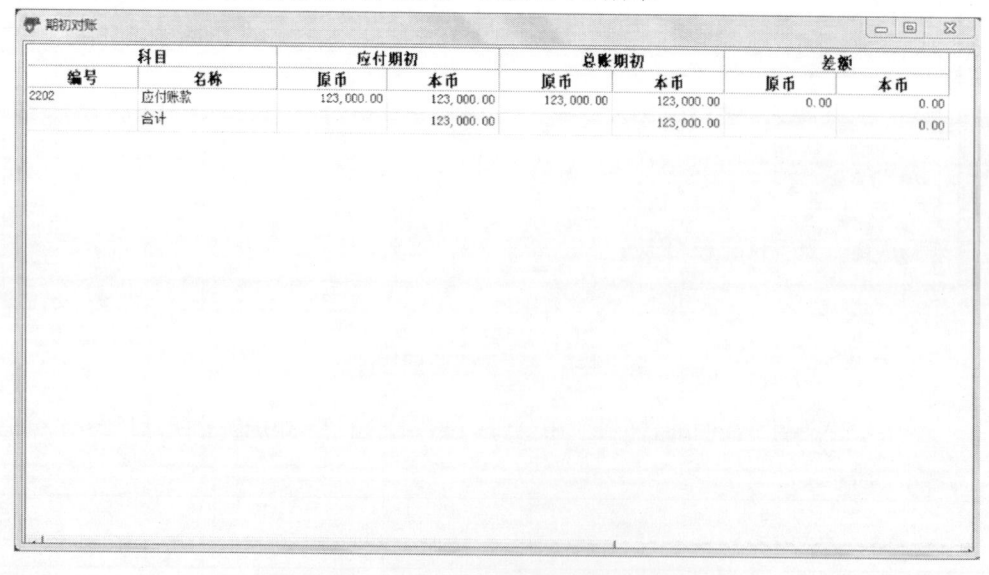

科目		应付期初		總賬期初		差額	
編号	名称	原币	本币	原币	本币	原币	本币
2202	应付账款	123,000.00	123,000.00	123,000.00	123,000.00	0.00	0.00
	合计		123,000.00		123,000.00		0.00

圖 2-4-8　供應商往來應付與總帳期初對賬

相關知識

（1）採購管理系統即使沒有期初資料，也要執行期初記帳，否則無法開始日常業務處理。

（2）採購管理系統如果不執行期初記帳，庫存管理系統和存貨核算系統不能記帳。

（3）採購管理系統若要取消期初記帳，執行"採購"｜"期初記帳"命令，在彈出的提示框中按一下【取消記帳】按鈕。

任務評價

表 2-4-10 購銷存管理系統初始化設置評價表

評價內容	評價標準	分值	學生自評	老師評估
啟用購銷存管理系統、核算系統	能正確啟用購銷存管理系統、核算系統	10 分		
設置基礎資訊	能正確設置存貨檔案、倉庫檔案、收發類別、費用專案等基礎資訊	20 分		
設置基礎科目	能正確設置相關科目及其對方科目	15 分		
輸入期初資料	能正確輸入採購模組、庫存模組、核算模組的期初資料並記帳成功；能正確輸入客戶往來、供應商往來的期初資料並與總帳系統進行對賬	40 分		
情感評價	安全意識 法制意識 責任意識 自主學習能力 獨立思考能力 團結協作能力 吃苦耐勞 心理健康	15 分		
學習體會：				

任務五　總帳管理系統日常業務處理

任務目標

總帳管理系統日常業務處理主要是記帳憑證的填制，包括憑證頭、憑證正文、憑證尾三部分的填制，其中憑證尾部分相應責任人員的簽字，系統會根據當前註冊進入本系統的操作人員姓名自動輸入。根據企業的實際經濟業務選擇合適的憑證類型進行憑證的填制，並能正確調出符合查詢準則的憑證及科目匯總表的輸出。

任務分析

2015年12月的全部經濟業務見專案一的任務九，其中2，5，8，9，17，20，21，22，23，24，26號經濟業務在購銷存管理系統生成記帳憑證，餘下經濟業務都在總帳管理系統生成記帳憑證，現僅舉例說明部分經濟業務在總帳管理系統生成憑證的操作方法。

在完成任務四的基礎上，以會計"胡悅"的身份註冊進入用友T3主介面完成以下操作：

（1）填制憑證。

資料1：12月1日，從重慶惠仁有限公司購入電腦一台，型號HR704，不含稅價款5600.00元，增值稅952.00元，以網銀支付電腦款6552.00元。

（2）查詢憑證。

（3）查看當前未記帳憑證匯總表。

任務實施

一、填制憑證

(1) 以胡悅的身份註冊進入用友 T3 主介面,執行"總帳"│"憑證"│"填制憑證"命令,進入"填制憑證"視窗。

(2) 按一下【增加】按鈕,系統自動增加一張空白記帳憑證。

(3) 輸入制單日期"2015-12-01"、摘要"購電腦"、借方科目編碼"1601"、借方金額"5600.00"等資訊,確認無誤後,回車,摘要自動帶到下一行,根據資料1繼續填制相關內容,直至輸入貸方科目代碼"100201"回車後,彈出輔助項對話方塊,如圖 2-5-1 所示。

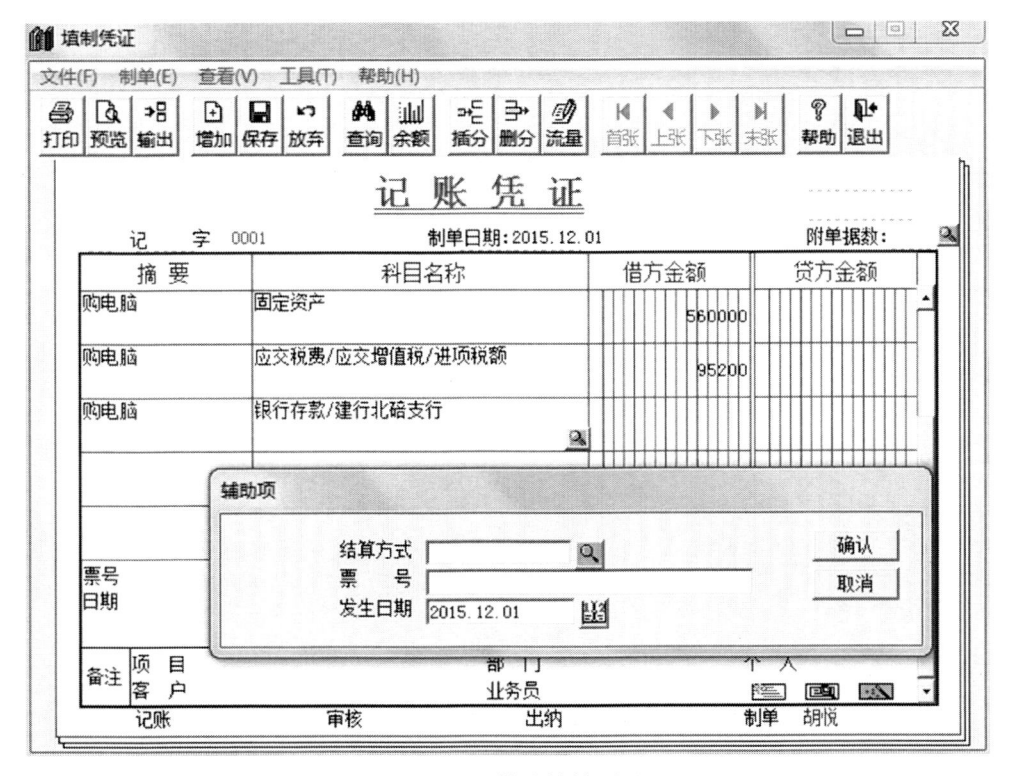

圖 2-5-1　輔助核算項目

(4) 在"輔助項"對話方塊中輸入結算方式"2",按一下【確認】按鈕退出,將游標定位在貸方金額欄,按下電腦鍵盤上的"="鍵,系統自動匯總借方合計金額過入到貸方金額欄,如圖 2-5-2 所示。

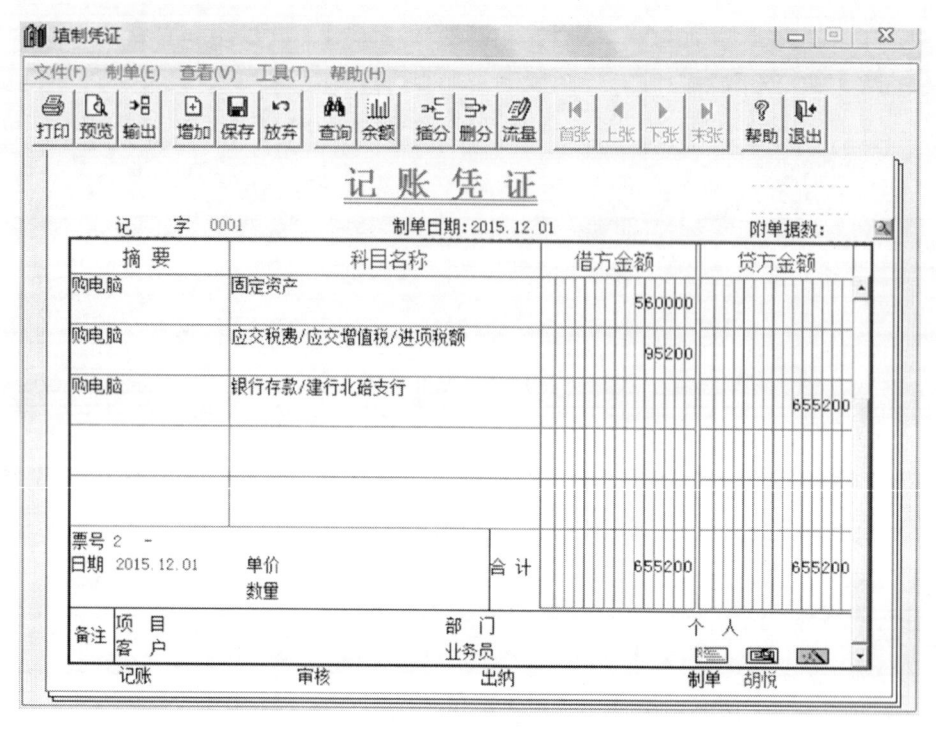

圖 2-5-2　在"填制憑證"視窗輸入"業務1"的相關憑證

（5）審核無誤後，按一下【保存】按鈕，系統彈出"憑證已成功保存！"資訊提示框，按一下【確定】按鈕。

二、查詢憑證

（1）在用友 T3 主介面，執行"總帳"｜"憑證"｜"查詢憑證"命令，打開"憑證查詢"對話方塊，如圖 2-5-3 所示。

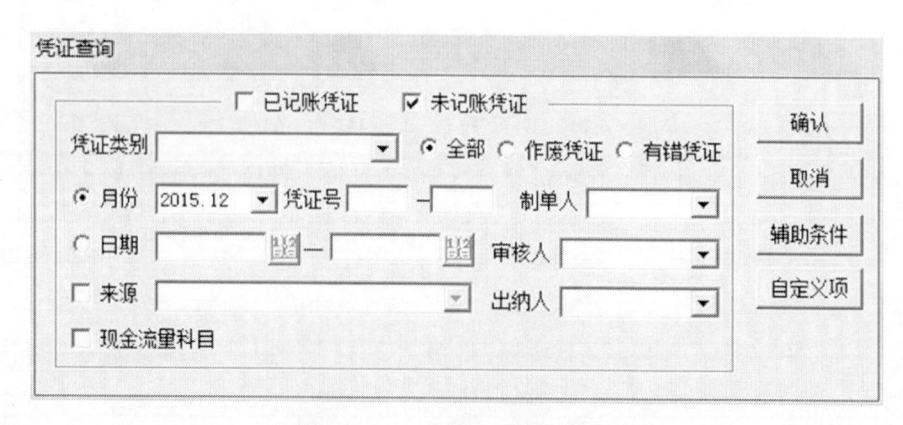

圖 2-5-3　"憑證查詢"對話方塊

(2) 在"憑證查詢"對話方塊中，選擇"未記帳憑證"核取方塊。

(3) 在"月份"下拉清單中選擇"2015-12"，其他欄目為空。

(4) 按一下【確認】按鈕，即可找到符合查詢準則的憑證。

三、查看當前未記帳憑證匯總表

(1) 在用友T3主介面，執行"總帳"｜"憑證"｜"科目匯總"命令，打開"科目匯總表"對話方塊。

(2) 在"科目匯總表"對話方塊中，在"月份"下拉清單中選擇"2015-12"。

(3) 在"憑證類別"下拉清單中選擇"全部"。

(4) 確定選擇範圍為"未記帳憑證"，其他條件為空。

(5) 按一下【匯總】按鈕，即可顯示所有未記帳憑證的匯總表。

相關知識

(1) 採用制單序時控制時，憑證日期必須大於等於總帳啟用日期。

(2) 憑證一旦保存，其憑證類別、憑證編號不能修改。

(3) 未經審核的錯誤憑證可通過"填制憑證"功能直接修改；已審核的錯誤憑證應先取消審核後再進行修改。

(4) 外部系統傳過來的憑證不能在總帳管理系統中進行修改，只能在生成該憑證的系統中進行修改。

(5) 修改輔助核算資訊時，需要將游標定位在憑證中帶輔助核算資訊的科目上，移動滑鼠到憑證上的輔助核算區，待滑鼠變形為筆形時按兩下，出現"輔助核算"對話框，按要求修改。

任務評價

表 2-5-1　總帳管理系統日常業務處理評價表

評價內容	評價標準	分值	學生自評	老師評估
填制憑證	能根據經濟業務正確填制所有記帳憑證	60 分		
查詢憑證	能正確輸入憑證查詢準則調出符合查詢準則的憑證	10 分		
查看當前未記帳憑證匯總表	能正確輸入記帳憑證科目匯總的範圍條件並查看到相應條件的科目匯總表	15 分		
情感評價	安全意識 法制意識 責任意識 自主學習能力 獨立思考能力 團結協作能力 吃苦耐勞 心理健康	15 分		

學習體會：

任務六　購銷存管理系統日常業務處理

任務目標

購銷存業務是電商企業的主要經濟業務，具體細分為採購業務處理和銷售業務處理兩個部分。其中採購業務處理包括入庫、採購發票、採購結算等全過程的處理；銷售業務處理包括出庫、銷售發票、銷售結算等全過程處理。根據企業實際業務情況在採購、銷售、庫存、核算這四個模組中完成購銷存日常業務的處理。

任務分析

需要說明的是：2015 年 12 月的全部經濟業務見專案一任務九，其中 2，5，8，9，17，20，21，22，23，24，26 號經濟業務在購銷存管理系統生成記帳憑證，餘下經濟業務都在總帳管理系統生成記帳憑證，現僅舉例說明部分經濟業務在購銷存管理系統生成憑證的操作方法。

在完成任務四的基礎上，利用用友 T3 程式完成以下操作：

1. 採購業務日常處理

資料 1：12 月 7 日，採購員到重慶 Ni 休閒裝有限公司賒購了 250 套休閒裝，不含稅單價 300.00 元，價稅合計 87750.00 元。商品已經驗收入庫，已取得增值稅發票。（發票號：03827202）

資料 2：12 月 17 日，用網銀支付重慶 Ni 休閒裝有限公司原欠款 50000.00 元。

（1）採購入庫單處理：包鑫填制，趙懿審核。

（2）採購發票處理：包鑫填制，田晶審核。

（3）付款單處理：胡悅填制。

2. 銷售業務日常處理

資料 3：12 月 21 日，向重慶景泰有限責任公司銷售 Ad 運動裝 85 套，不含稅單價 400.00 元，增值稅稅額 5780.00 元，價稅合計 39780.00 元，並以銀行存款墊付快遞費 650.00 元，貨款等未收。（發票號：07136503）

資料 4：12 月 24 日，收到銀行收賬通知，重慶景泰有限責任公司貨款 80000.00 元已經入帳。

重慶鯨咚電子商務有限責任公司將所購商品加價在電商平台上進行銷售，對於此類普通銷售業務，付野對重慶鯨咚電子商務有限責任公司的銷售業務處理應從以下三個方面進行。

（1）銷售發貨單及出庫單處理：發貨單周怡填制，付野審核，趙懿生成並審核出庫單。

（2）銷售發票處理：周怡填制，付野審核。

（3）收款單處理：胡悅填制。

任務實施

一、採購業務日常處理

1. 採購入庫單處理

（1）以"包鑫"的身份註冊進入用友 T3 主介面，執行"採購"｜"採購入庫單"命令，進入"採購入庫單"視窗。

（2）按一下【增加】按鈕，根據資料 1 輸入採購入庫單內容，如圖 2-6-1 所示。

（3）按一下【保存】按鈕。

（4）按一下【退出】按鈕，退出"採購入庫單"窗口。

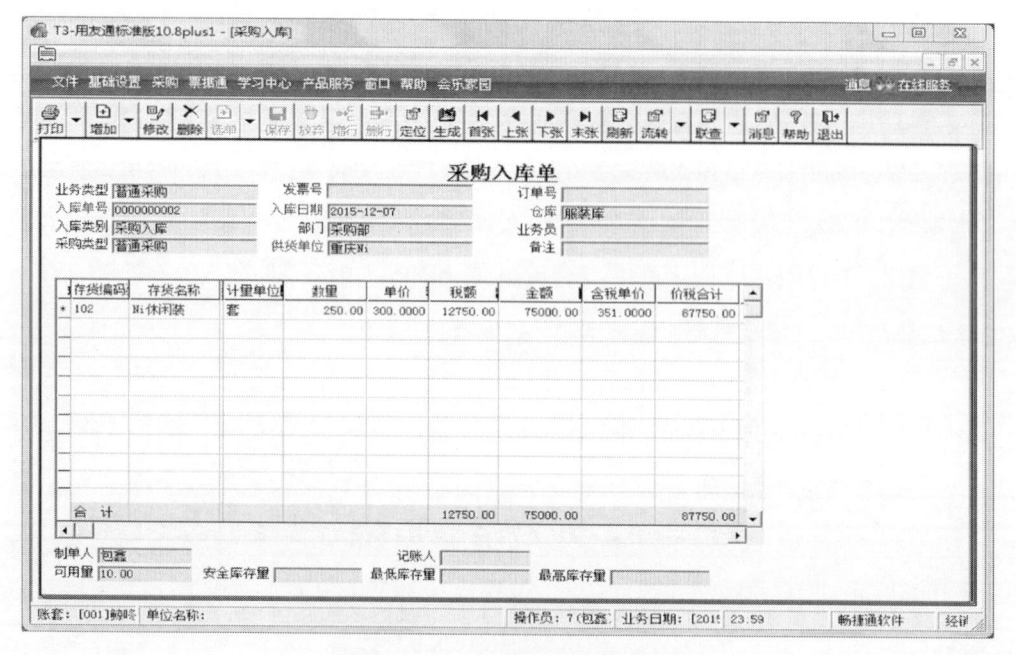

圖 2-6-1　"採購入庫單"窗口

(5) 以"趙懿"的身份註冊進入用友 T3 主介面，執行"庫存"｜"採購入庫單"命令，進入"採購入庫單審核"視窗。

(6) 按一下【審核】按鈕。

(7) 按一下【退出】按鈕返回。

2. 採購發票處理

(1) 以"包鑫"的身份進入用友 T3 主介面，執行"採購"｜"採購發票"命令，進入"採購發票"視窗。

(2) 按一下【增加】按鈕旁的下拉箭頭，在下拉式功能表中選擇"專用發票"功能表項目，再按一下滑鼠右鍵，從彈出的快顯功能表中選擇"拷貝入庫單"命令，進入"單據拷貝"視窗，輸入過濾條件，按一下【過濾】按鈕，進入"入庫單清單"視窗，選擇需要參照的入庫單，如圖 2-6-2 所示。

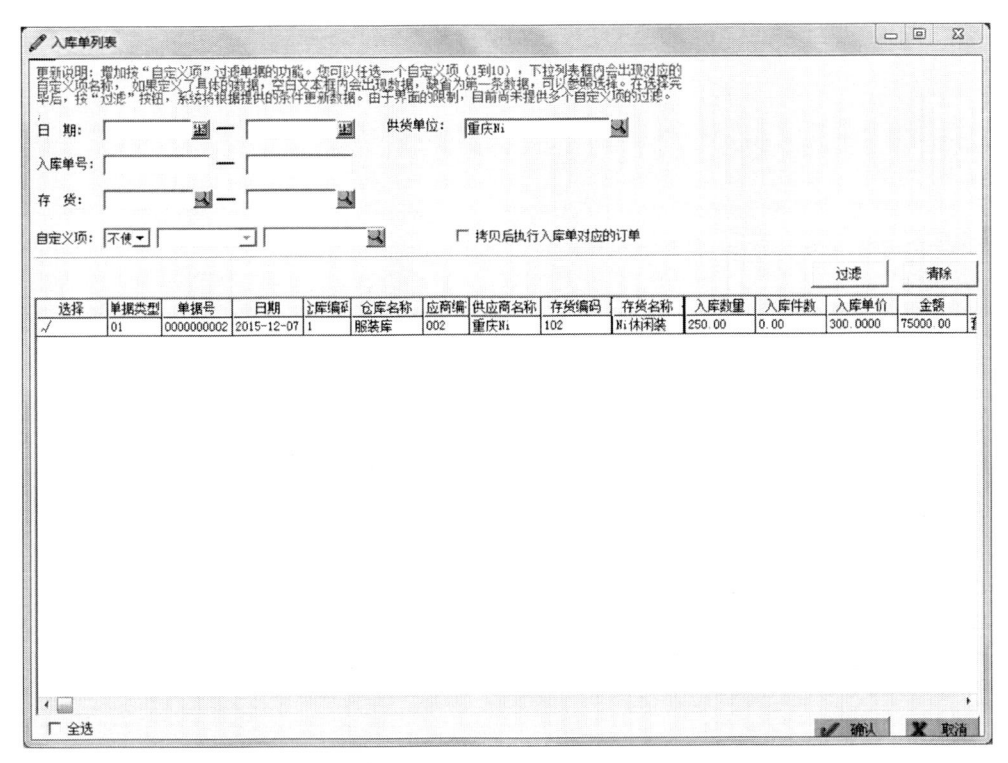

圖 2-6-2　"入庫單清單"窗口

(3) 按一下【確認】按鈕，將採購入庫單資訊帶入採購專用發票，輸入發票號"03827202"，如圖 2-6-3 所示，按一下【保存】按鈕，再按一下【退出】按鈕。

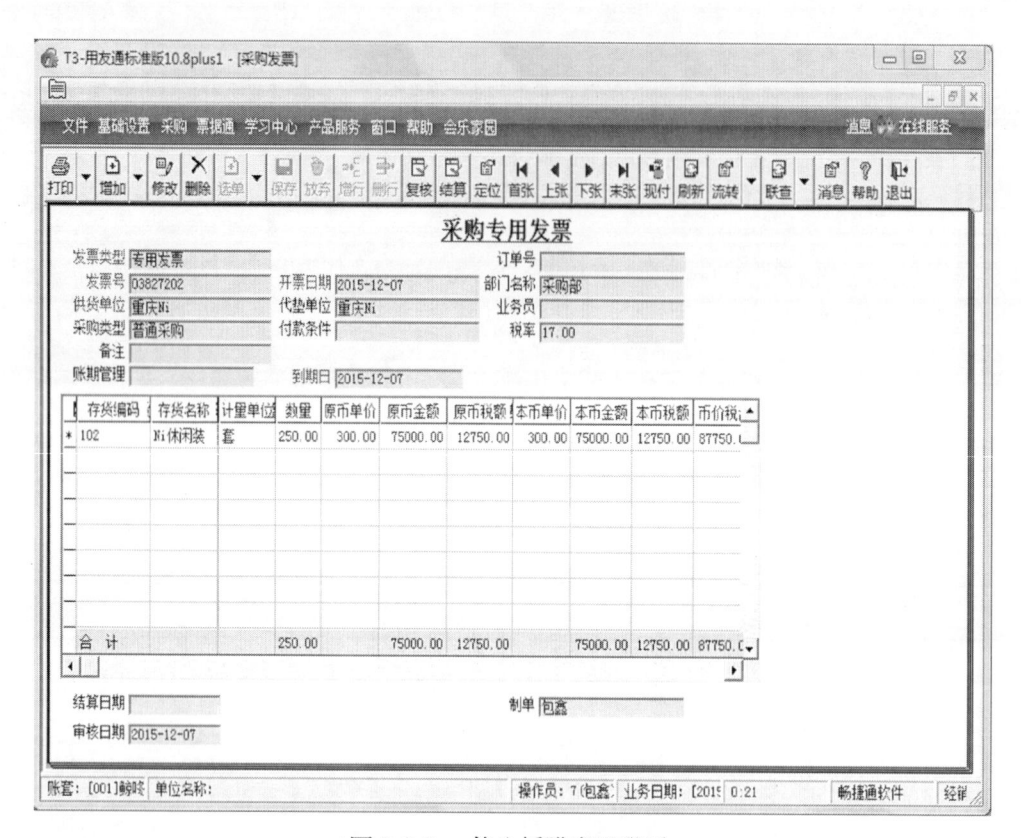

圖 2-6-3　錄入採購專用發票

（4）以"田晶"的身份對剛填制的採購發票進行審核，按一下【覆核】按鈕。

（5）以"胡悅"的身份在用友 T3 主介面，執行"採購"｜"採購結算"｜"自動結算"命令，進入自動結算視窗，預設過濾條件並按一下【確認】按鈕，彈出"採購管理"提示框，提示處理成功，再次按一下【確定】按鈕，並按一下【退出】按鈕返回。

（6）以"胡悅"的身份在用友 T3 主介面，執行"核算"｜"核算"｜"正常單據記帳"命令，打開"正常單據記帳條件"對話方塊。

（7）按一下【確定】按鈕，進入"正常單據記帳"視窗，如圖 2-6-4 所示。

（8）選擇要記帳的單據，按一下【記帳】按鈕，退出。

（9）以"胡悅"的身份在用友 T3 主介面，執行"核算"｜"憑證"｜"購銷單據制單"命令，進入"生成憑證"視窗。按一下【選擇】按鈕，打開"查詢準則"對話方塊。

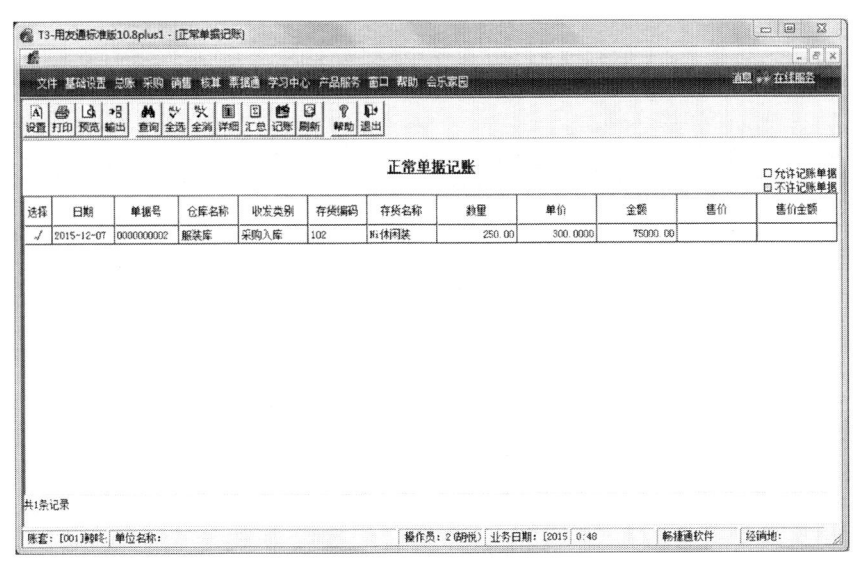

圖 2-6-4　"正常單據記帳"視窗

（10）選擇"採購入庫單（報銷記帳）"，按一下【確認】按鈕，進入"選擇單據"視窗。

（11）按一下需要生成憑證的單據前的"選擇"欄，然後按一下工具列中的【確定】按鈕進入"生成憑證"視窗。

（12）在視窗清單中根據資料 1 完善憑證內容，按一下【生成】按鈕，進入"填制憑證"窗口，如圖 2-6-5 所示。

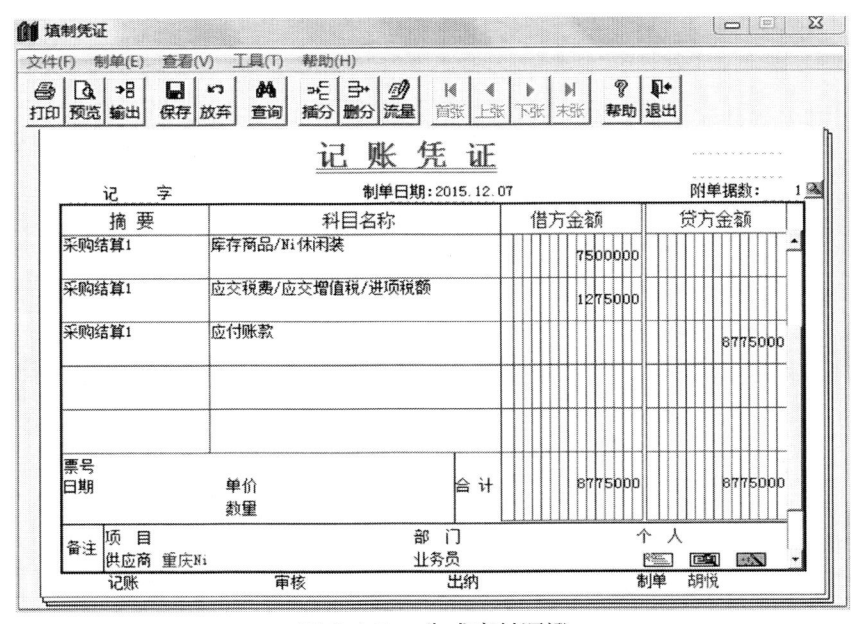

圖 2-6-5　生成應付憑證

(13) 審核無誤後，按一下【保存】按鈕，憑證左上角出現"已生成"標誌，表示憑證已傳遞到總帳系統。

3. 付款單處理

(1) 以"胡悅"的身份在用友 T3 主介面，執行"採購"｜"供應商往來"｜"付款結算"命令，進入"付款單"視窗。

(2) 選擇供應商"重慶 Ni"，按一下【增加】按鈕，輸入結算方式"網銀結算"，金額"50000.00"，按一下【保存】按鈕。

(3) 按一下【核銷】按鈕，系統調出要核算的單據，在第一行和"本次結算"列交叉對應的儲存格內輸入結算金額"50000.00"，如圖 2-6-6 所示，再按一下【保存】按鈕。

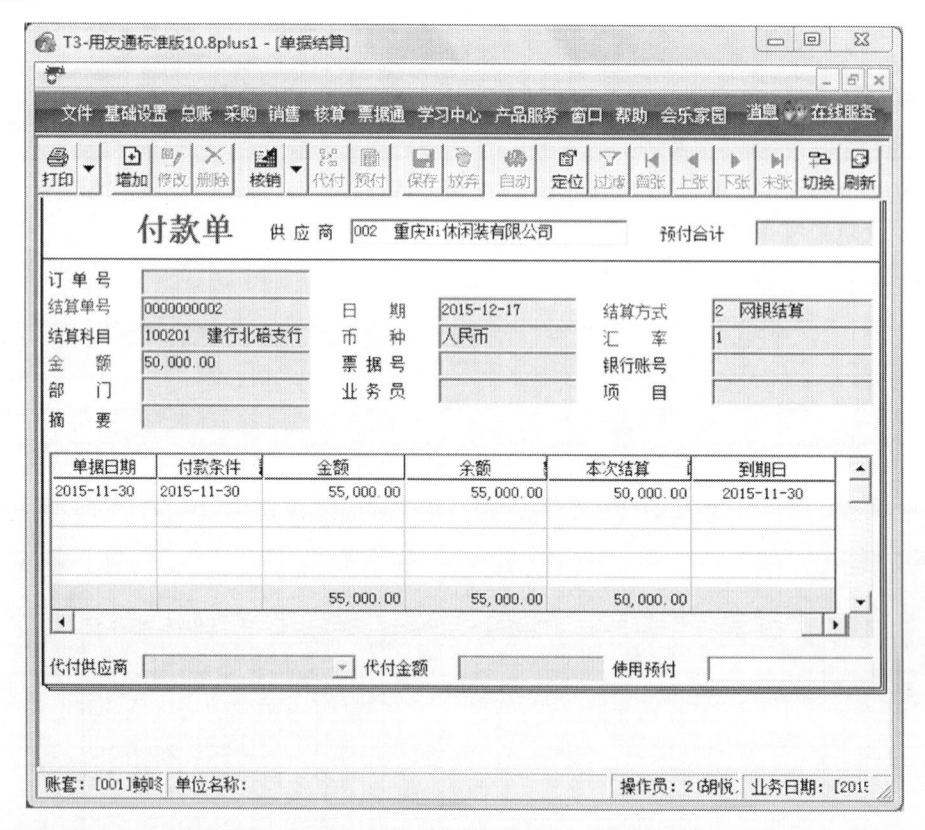

圖 2-6-6　錄入付款單並核銷

(4) 以"胡悅"的身份在用友 T3 主介面，執行"核算"｜"憑證"｜"供應商往來制單"命令，打開"供應商往來制單查詢"對話方塊。

(5) 選擇"核銷制單"，按一下【確認】按鈕，進入"供應商往來制單"視窗。

（6）按兩下需要制單的單據，再按一下【制單】按鈕，進入"填制憑證"視窗，根據資料 2

完善相關憑證資訊，如圖 2-6-7 所示。

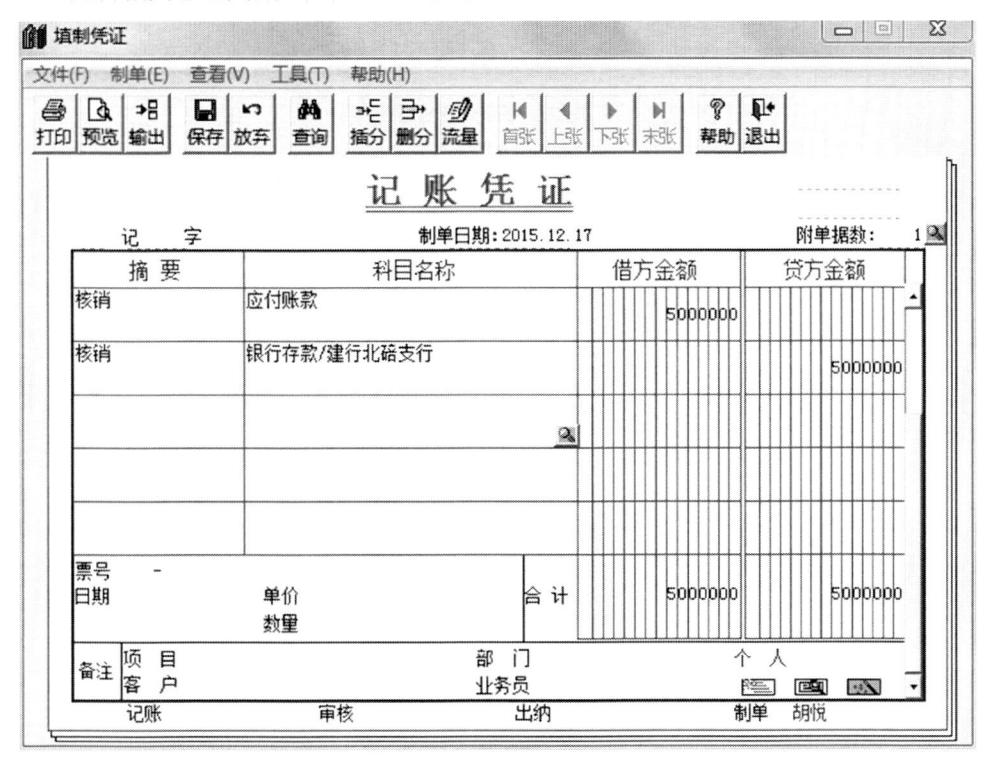

圖 2-6-7　生成付款憑證

（7）按一下【保存】按鈕，憑證左上角出現"已生成"標誌，表示憑證已傳遞到總帳系統。

二、銷售業務日常處理

1. 銷售發貨單及出庫單處理

（1）以"周怡"的身份註冊進入用友 T3 主介面，執行"銷售"｜"銷售發貨單"命令，進入"發貨單"視窗。

（2）按一下【增加】按鈕，根據資料 3 輸入相關發貨資訊。

（3）按一下【保存】按鈕，再以"付野"的身份對剛生成的發貨單進行審核處理，如圖 2-6-8 所示，按一下【退出】按鈕返回。

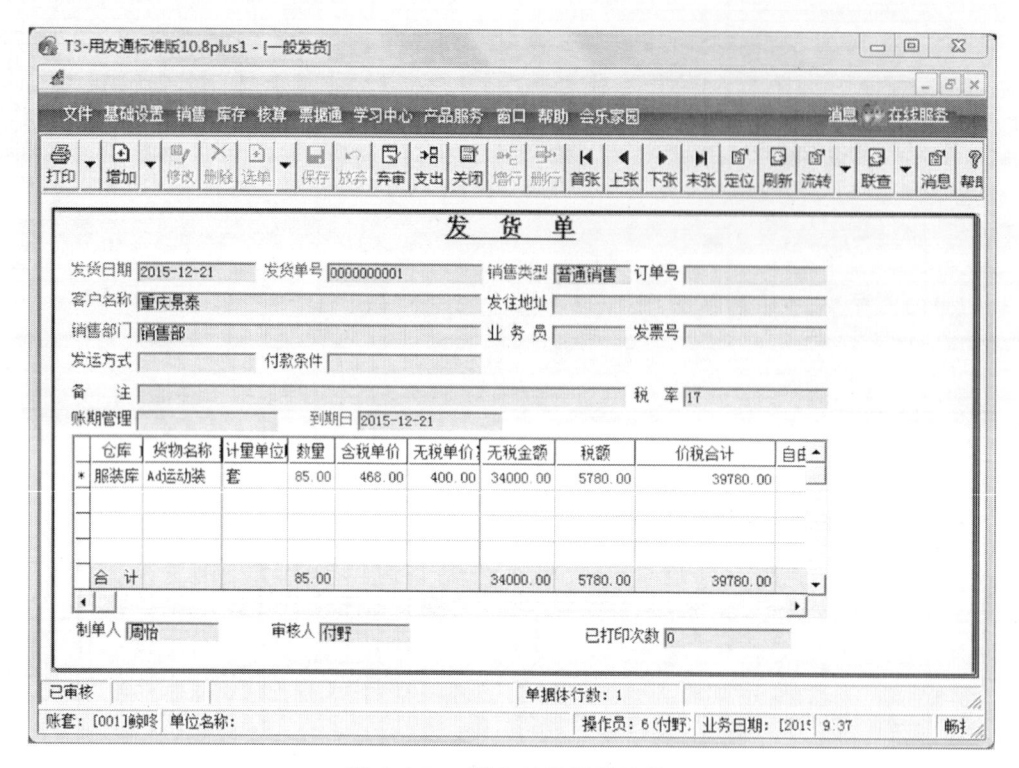

圖 2-6-8　錄入付款單並核銷

（4）以"趙懿"的身份註冊進入用友 T3 主介面，執行"庫存"｜"銷售出庫單生成/審核"命令，進入"銷售出庫單"視窗。

（5）按一下【生成】按鈕，選擇參照單據"發貨單"，按兩下選擇列表中相應的發貨單，並按一下【確認】按鈕。

（6）按一下【審核】按鈕，再按一下【退出】按鈕返回。

（7）以"胡悅"的身份在用友 T3 主介面，執行"核算"｜"核算"｜"正常單據記帳"命令，打開"正常單據記帳條件"對話方塊。

（8）預設篩選條件，按一下【確定】按鈕，進入"正常單據記帳"視窗。按一下需要記帳的單據前的"選擇"欄，出現"√"標記，然後按一下工具列中的【記帳】按鈕。

（9）系統開始進行單據記帳，記帳完成後，單據不再在視窗清單中顯示，按一下【退出】按鈕返回。

2.銷售發票處理

（1）以"周怡"的身份註冊進入用友 T3 主介面，執行"銷售"｜"銷售發票"命令，進入"銷售發票"視窗。

(2) 按一下【增加】按鈕，選擇"專用發票"，按一下【選單】按鈕，選擇發貨單，打開"選擇發貨單"對話方塊，按一下【顯示】按鈕，選擇要參照的發貨單，按一下【確認】按鈕，將發貨單資訊帶入銷售專用發票。

(3) 輸入發票號"07136503"，按一下【保存】按鈕。

(4) 按一下【代墊】按鈕，進入"代墊費用單"視窗，按一下【增加】按鈕，輸入費用專案"快遞費"、代墊金額"650.00"，錄入完成後按一下【保存】按鈕，接著以付野的身份對該代墊費用單進行審核，審核完成後退出。

(5) 在"專用發票"視窗按一下【保存】按鈕，再按一下【覆核】按鈕，如圖2-6-9所示。

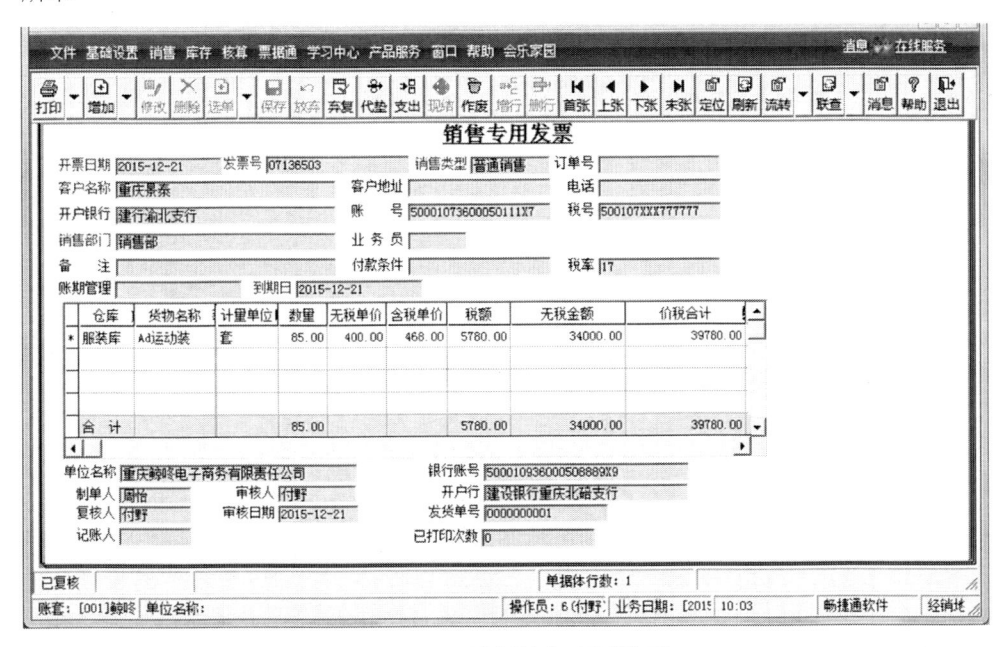

圖2-6-9　填制銷售專用發票

(6) 以"胡悅"的身份在用友T3主介面，執行"核算"|"憑證"|"客戶往來制單"命令，打開"制單查詢"對話方塊。

(7) 選中"發票制單"及"應收單制單"核取方塊，按一下【確認】按鈕，進入"發票、應收單制單"視窗。

(8) 按一下工具列中的【全選】按鈕，再按一下【合併】按鈕，視窗中的所有單據則被合併。按一下【制單】按鈕，彈出"填制憑證"視窗，根據資料3完善憑證並按一下【保存】按鈕，憑證生成成功並傳送到總帳系統，如圖2-6-10所示。

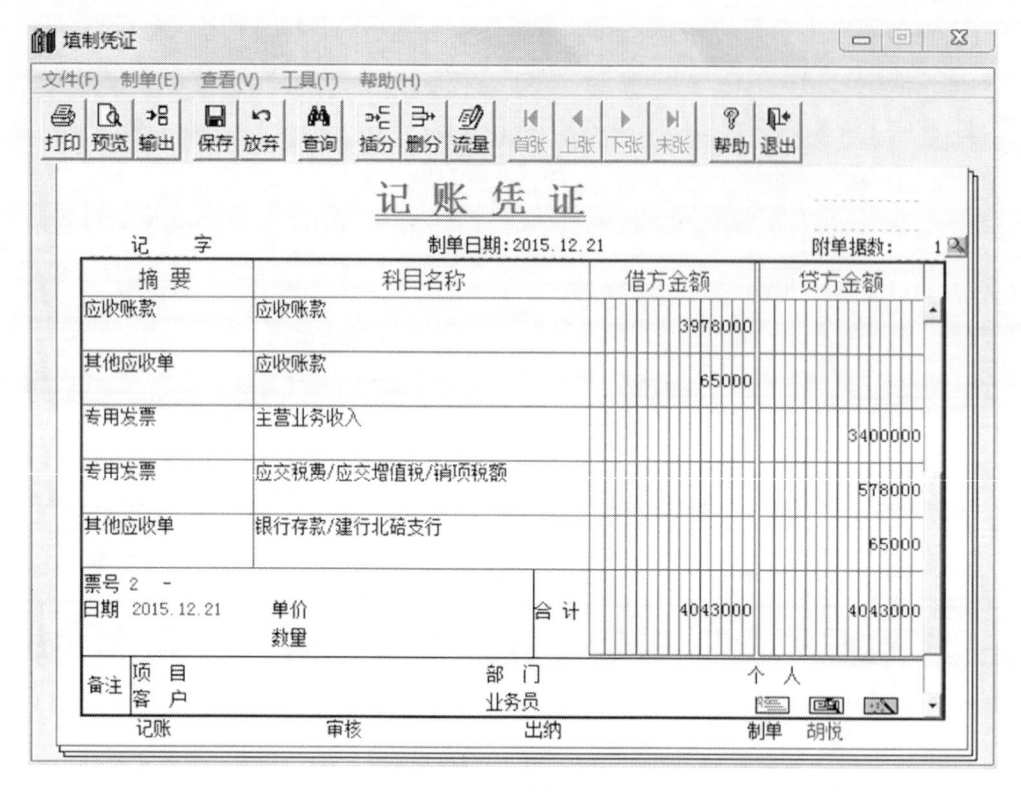

圖 2-6-10　生成應收憑證

3. 收款單處理

（1）以"胡悅"的身份在用友 T3 主介面，執行"銷售"｜"客戶往來"｜"收款結算"命令，進入"收款單"視窗。

（2）選擇客戶"重慶景泰有限責任公司"，按一下【增加】按鈕。

（3）輸入結算日期"2015-12-24"，結算方式"網銀結算"，金額"80000.00"。

（4）按一下【保存】按鈕，再按一下【核銷】按鈕。

（5）在本次結算欄中輸入"80000.00"，按一下【保存】按鈕，如圖 2-6-11 所示。

（6）以"胡悅"的身份執行"核算"｜"憑證"｜"客戶往來制單"命令，打開"制單查詢"對話方塊。

（7）選中"核銷制單"核取方塊，按一下【確認】按鈕，進入"核銷制單"視窗。

項目二　電算化賬務實訓

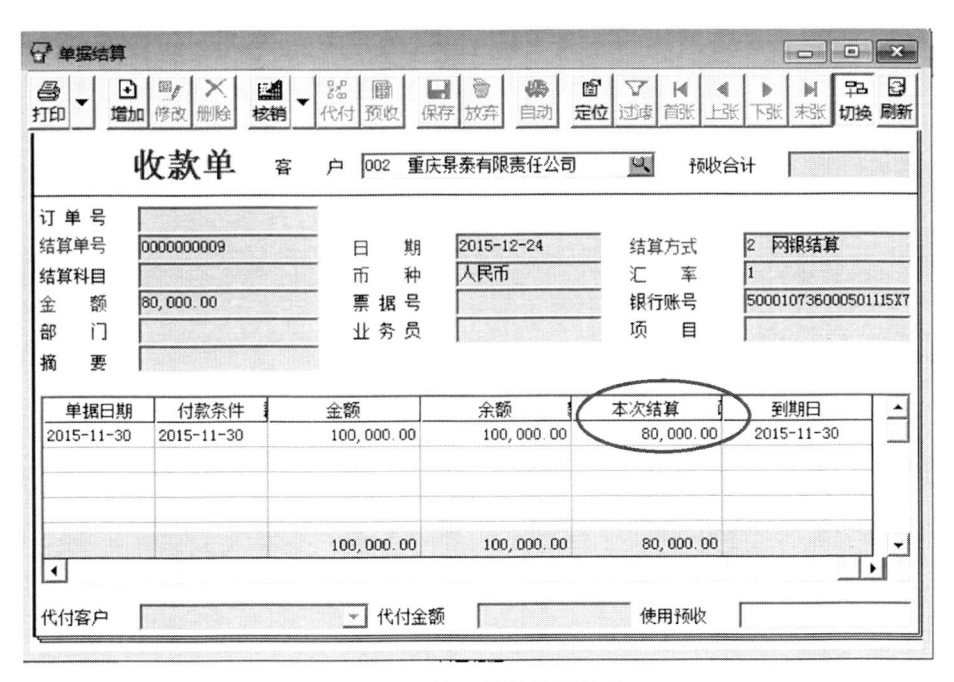

圖 2-6-11　錄入收款單並核銷

（8）選中視窗中相應單據，按一下【制單】按鈕，進入"填制憑證"視窗，根據資料 4 完善記帳憑證並保存，如圖 2-6-12 所示。

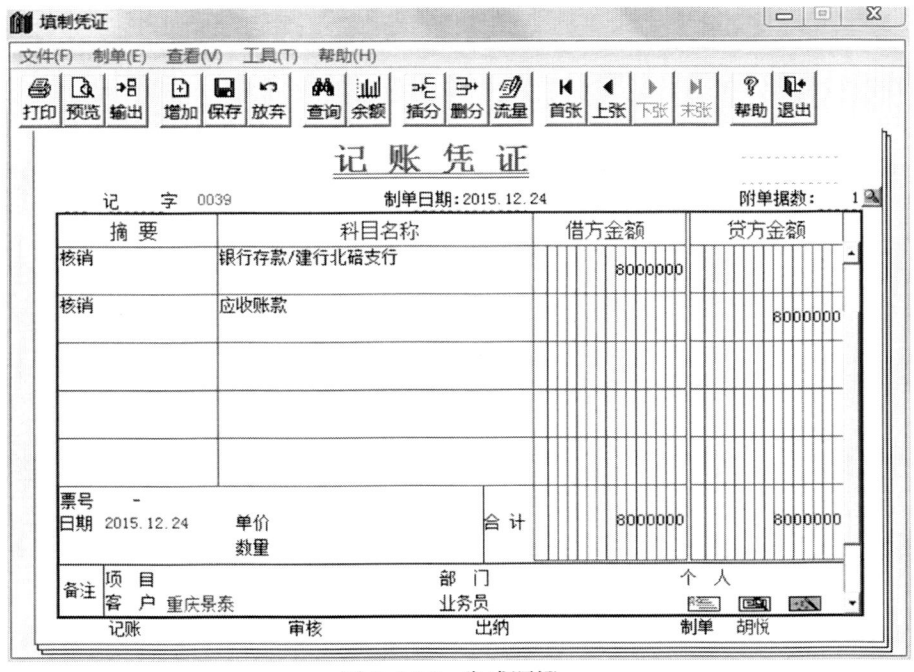

圖 2-6-12　生成憑證

相關知識

（1）採購結算有手工結算和自動結算兩種方式。可以在填寫發票介面即時結算，也可以在結算功能中，集中進行採購結算。

（2）需要修改或刪除入庫單、採購發票時，需先取消採購結算。

（3）發出存貨採用全月一次平均法計價的，在存貨核算模組中調出的銷售出庫單不填單價。

任務評價

表 2-6-1　購銷存管理系統日常業務處理評價表

評價內容	評價標準	分值	學生自評	老師評估
採購業務日常處理	能正確完成採購入庫單處理、採購發票處理、付款單處理	40分		
銷售業務日常處理	能正確完成銷售發貨單處理、銷售發票處理、收款單處理	40分		
操作身份無誤	採購業務以田晶、包鑫的身份分別完成，銷售業務以付野、周怡的身份分別完成。庫存業務和核算業務分別由庫管和會計完成	5分		
情感評價	安全意識 法制意識 責任意識 自主學習能力 獨立思考能力 團結協作能力 吃苦耐勞 心理健康	15分		

學習體會：

任務七　期末業務處理

任務目標

電算化部分期末業務處理與手工賬期末業務處理的流程類似，都有"登記帳簿""對賬""編制試算平衡表""結帳""編制財務報表"等操作步驟。但"手工賬務處理"每一操作步驟需要大量的時間和精力，而"電算化賬務處理"記帳憑證錄入後，帳簿及報表的資料都是系統自動提取，高效快捷。

任務分析

在完成任務六的基礎上，完成以下操作：

（1）購銷存系統期末業務處理。

資料1：12月31日結轉本月銷售成本。

①以"鄭苑"的身份註冊進入用友T3主介面，分別對採購系統、銷售系統、庫存系統結帳。

②以"付野"的身份註冊進入用友T3主介面，對核算系統進行月末處理。

③以"胡悅"的身份註冊進入用友T3主介面，在核算系統生成發出存貨成本結轉憑證。

④以"鄭苑"的身份註冊進入用友T3主介面執行核算系統月末結帳。

（2）總帳管理系統期末業務處理。

①以"肖蜀"的身份註冊進入用友T3主介面，進行出納簽字。

②以"鄭苑"的身份註冊進入用友T3主介面，進行憑證審核。

③以"鄭苑"的身份註冊進入用友T3主介面，進行憑證記帳。

④生成期間損益結轉憑證並審核、記帳。

資料2：12月31日結轉本月所有損益類科目。

⑤以"鄭苑"的身份註冊進入用友T3主介面，進行對賬。

⑥以"鄭苑"的身份註冊進入用友T3主介面，進行結帳。

(3) 財務報表系統期末業務處理。

(4) 賬套備份。

任務實施

一、購銷存系統期末業務處理

1. 採購系統、銷售系統、庫存系統結帳

(1) 以"鄭苑"的身份註冊進入用友 T3 主介面，執行"採購"|"月末結帳"命令，進入"月末結帳"視窗。

(2) 選擇要結帳的月份，按一下【結帳】按鈕。如圖 2-7-1 所示。

圖 2-7-1　採購系統月末結帳

(3) 執行"銷售"|"月末結帳"命令，進行銷售系統月末結帳，如圖 2-7-2 所示。

圖 2-7-2　銷售系統月末結帳

(4) 執行"庫存"｜"月末結帳"命令，進行庫存系統月末結帳，如圖2-7-3所示。

圖 2-7-3　庫存系統月末結帳

2. 核算系統月末處理

(1) 以"付野"的身份註冊進入用友 T3 主介面，執行"核算"｜"月末處理"命令，進入"期末處理"視窗，如圖 2-7-4 所示。

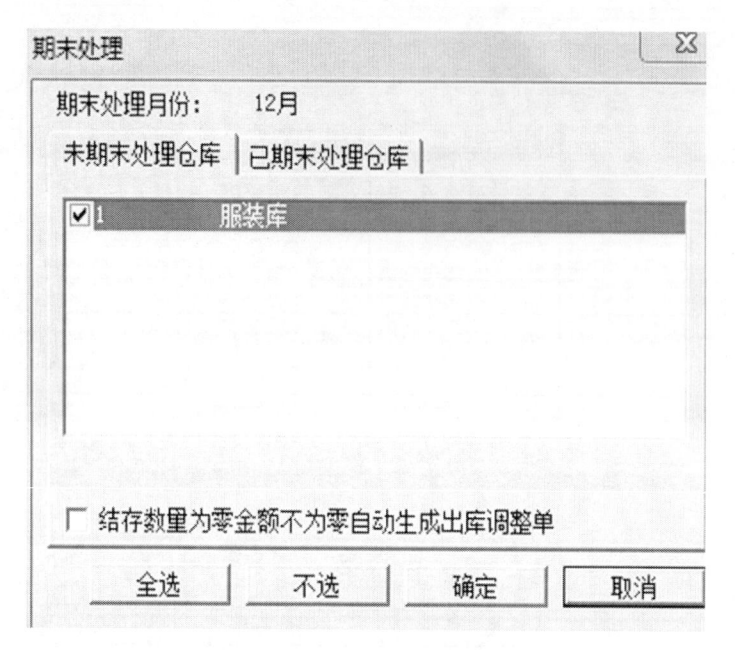

圖 2-7-4　核算系統期末處理

（2）選擇"服裝庫"，並按一下【確定】按鈕，進入"成本計算表"視窗，如圖 2-7-5 所示。

圖 2-7-5　服裝庫成本計算表

（3）系統自動計算發出服裝的平均單位成本，按一下【確定】按鈕，月末處理完畢退出視窗。

3. 生成發出存貨成本結轉憑證

(1) 以"胡悅"的身份進入用友 T3 主介面，執行"核算"｜"憑證"｜"購銷單據制單"命令，進入"生成憑證"視窗。

(2) 按一下【選擇】按鈕，打開"查詢準則"對話方塊。

(3) 選擇"銷售出庫單"，按一下【確認】按鈕，進入"選擇單據"視窗。

(4) 按一下工具列中的【全選】按鈕，然後按一下工具列中的【確定】按鈕，進入"生成憑證"視窗。

(5) 按一下【合成】按鈕，進入"填制憑證"視窗，根據資料1完善憑證，如圖 2-7-6 所示。

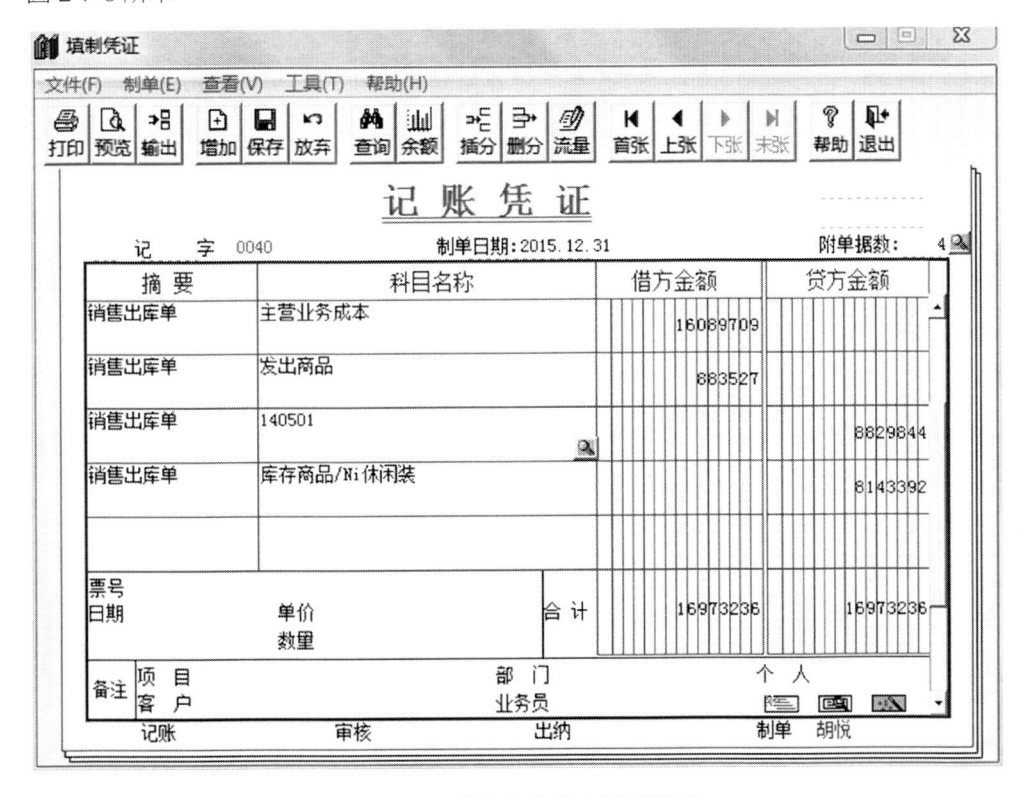

圖 2-7-6　發出存貨成本結轉憑證

(6) 確認無誤後按一下工具列中的【保存】按鈕，憑證左上角顯示"已生成"紅字標記。

4. 核算系統月末結帳

以"鄭苑"的身份進入用友 T3 主介面，執行"核算"｜"月末結帳"命令，進行核算系統月末結帳，如圖 2-7-7 所示。

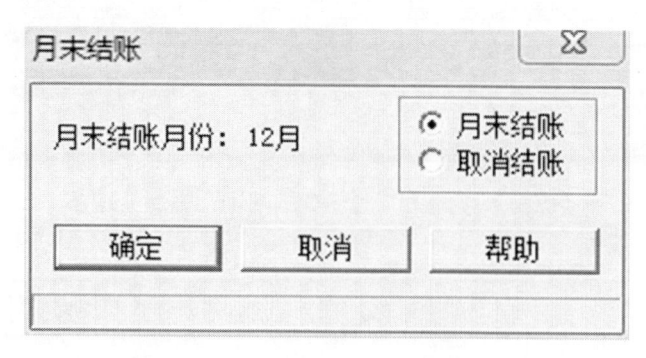

圖 2-7-7　核算系統月末結帳

二、總帳管理系統期末業務處理

1. 出納簽字

（1）以"肖蜀"的身份進入用友 T3 主介面，執行"總帳"｜"憑證"｜"出納簽字"命令，打開"出納簽字"查詢準則對話方塊。輸入查詢準則，如圖 2-7-8 所示。

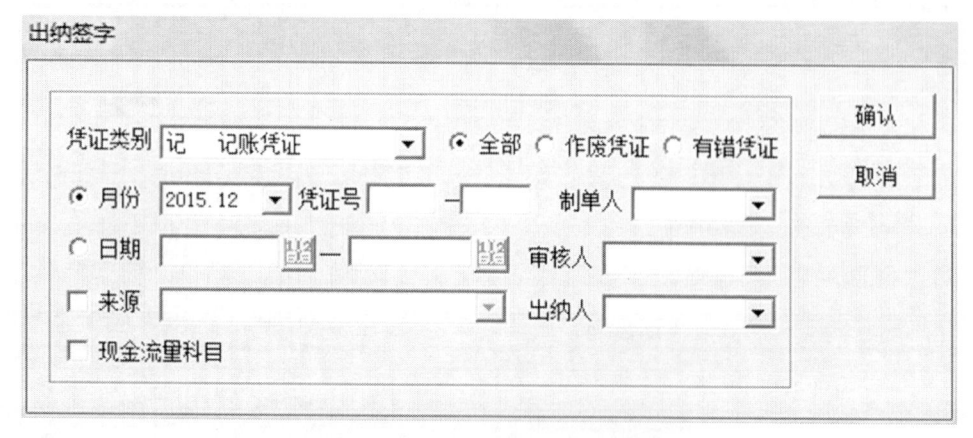

圖 2-7-8　"出納簽字"查詢準則框

（2）按一下【確認】按鈕，進入"出納簽字"的憑證清單視窗。按一下【確定】按鈕，進入"出納簽字"的簽字視窗。

（3）在簽字視窗，執行"簽字"｜"成批出納簽字"命令對所有憑證進行出納簽字，系統自動簽字完成後，憑證底部的"出納"處將自動簽上出納人姓名，最後按一下【退出】按鈕。

2. 憑證審核

（1）以"鄭苑"的身份進入用友 T3 主介面，執行"總帳"｜"憑證"｜"審核憑證"命令，打開"憑證審核"查詢準則對話方塊。

（2）輸入查詢準則，按一下【確認】按鈕，進入"憑證審核"的憑證清單視窗。

（3）按一下【確定】按鈕，進入"憑證審核"的審核憑證視窗。

（4）在審核憑證視窗，執行"審核"｜"成批審核憑證"命令對所有憑證進行審核，系統自動審核完成後，憑證底部的"審核"處將自動簽上審核人姓名，最後按一下【退出】按鈕。

3. 憑證記帳

（1）以"鄭苑"的身份註冊進入用友 T3 主介面，執行"總帳"｜"憑證"｜"記帳"命令，進入"記帳"對話方塊。

（2）第一步選擇要進行記帳的憑證範圍，直接按一下【全選】按鈕，選擇所有憑證，按一下【下一步】按鈕。

（3）第二步顯示記帳報告。如果需要列印記帳報告，可按一下【列印】按鈕，如果不列印記帳報告，則直接按一下【下一步】按鈕。

（4）第三步記帳，按一下【記帳】按鈕，打開"期初試算平衡表"對話方塊，按一下【確認】按鈕，系統開始登錄有關總帳和明細帳、輔助賬。登記完後，彈出"記帳完畢"資訊提示框。

（5）按一下【確定】按鈕，記帳完畢。

4. 生成期間損益結轉憑證並審核、記帳

（1）以"胡悅"的身份註冊進入用友 T3 主介面，執行"總帳"｜"期末"｜"轉帳定義"｜"期間損益"命令，進入"期間損益結轉設置"視窗。

（2）選擇本年利潤科目"4103"，按一下【確定】按鈕。

（3）以"胡悅"的身份在用友 T3 主介面，執行"總帳"｜"期末"｜"轉帳生成"命令，進入"轉帳生成"視窗。

（4）選中"期間損益結轉"選項按鈕。

（5）按一下【全選】按鈕，再按一下【確定】按鈕，生成記帳憑證。

（6）按一下【保存】按鈕，系統自動將當前憑證追加到未記帳憑證中。

（7）以"鄭苑"的身份將生成的自動轉帳憑證審核、記帳。

5. 對賬

（1）以"鄭苑"的身份註冊進入用友 T3 主介面，執行"總帳"｜"期末"｜"對賬"命令，進入"對賬"視窗。

（2）將游標定位在要進行對賬的月份"2015.12"，按一下【選擇】按鈕。

（3）按一下【對賬】按鈕，開始自動對賬，並顯示對賬結果。

（4）按一下【試算】按鈕，彈出"2015.12 試算平衡表"，顯示試算結果平衡，若試算結果不平衡則總帳系統不能結帳。

6. 結帳

（1）以"鄭苑"的身份進入用友T3主介面，執行"總帳"｜"期末"｜"結帳"命令，進入"結帳"視窗。

（2）選擇要結帳的月份，按一下【下一步】按鈕。

（3）按一下【對賬】按鈕，系統對要結帳的月份進行賬賬核對。

（4）按一下【下一步】按鈕，系統顯示"2015年12月工作報告"。

（5）查看工作報告後，按一下【下一步】按鈕，再按一下【結帳】按鈕，若符合結帳要求，系統將進行結帳，否則不予結轉。

三、財務報表系統期末業務處理

（1）以"鄭苑"的身份登錄財務報表系統，執行"檔"｜"新建"命令，進入"新建"視窗。

（2）選擇"一般企業（小企業會計核算制度）"模版，滑鼠按一下選中"資產負債表"，再按一下【確定】按鈕，打開"資產負債表"模版。

（3）在資料狀態下，執行"資料"｜"關鍵字"｜"錄入"命令，打開"錄入關鍵字"對話方塊。

（4）輸入關鍵字，年"2015"，月"12"，日"31"。如圖2-7-9所示。

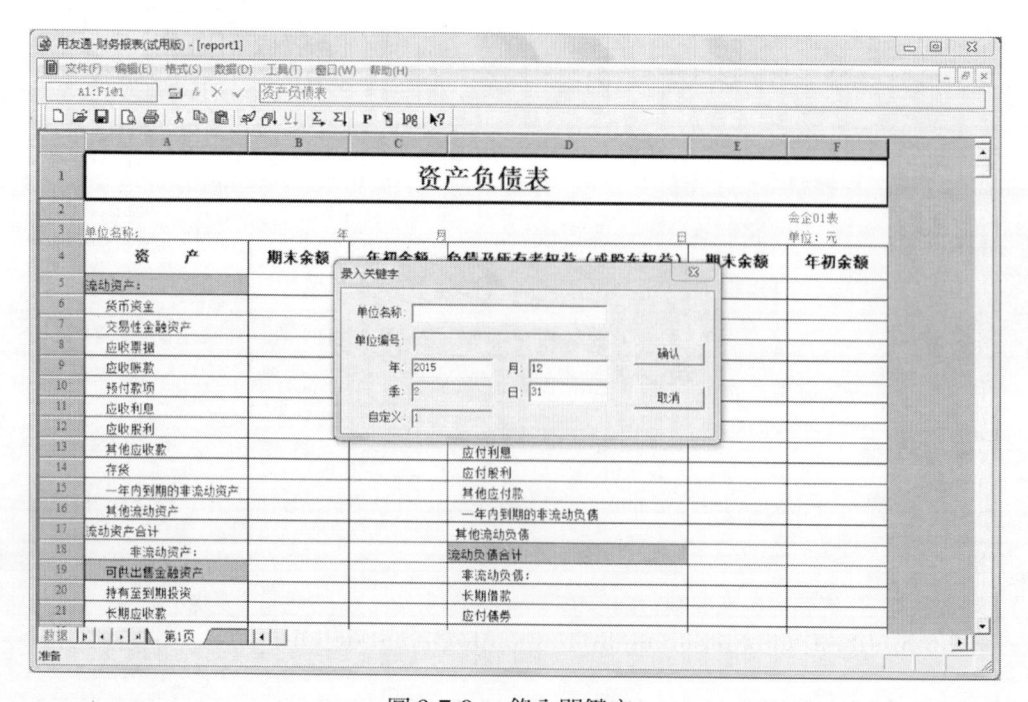

圖2-7-9　錄入關鍵字

(5) 按一下【確認】按鈕，彈出"是否重算第 1 頁？"提示框。

(6) 按一下【是】按鈕，系統會自動根據單元公式生成 12 月資產負債表。

(7) 按一下工具列中的【保存】按鈕，將生成的報表資料保存。

(8) 利潤表的生成同理，在此不再贅述。

四、賬套備份

(1) 以系統管理員"admin"的身份進入系統管理程式，執行"賬套"｜"備份"命令，打開"賬套輸出"對話方塊，如圖 2-7-10 所示。

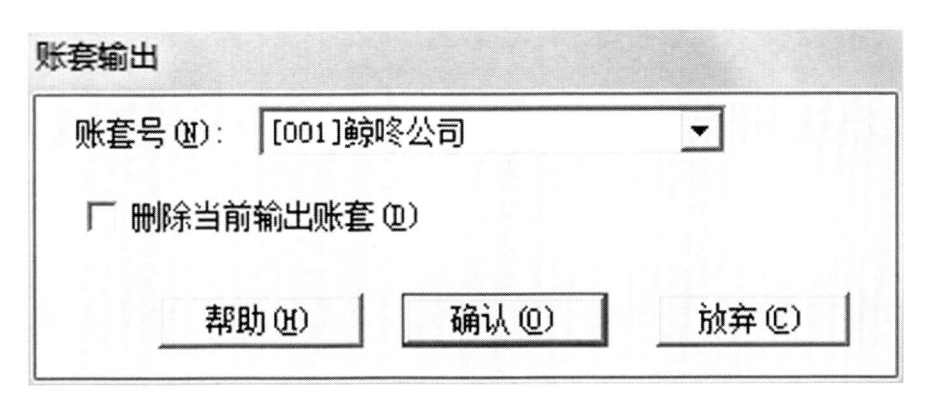

圖 2-7-10　"賬套輸出"對話方塊

(2) 從"賬套號"下拉清單中選擇要輸出的賬套，按一下【確認】按鈕。

(3) 系統對所要輸出的賬套數據進行壓縮處理完成後，彈出"選擇備份目標"對話方塊，自行確定賬套備份存放的路徑後，按一下【確認】按鈕，系統彈出提示"硬碟備份完畢！"，按一下【確定】按鈕。

相關知識

(1) 涉及指定為現金科目和銀行科目的憑證才需出納簽字。

(2) 在自動生成期間損益結轉憑證之前，應對所有未記帳憑證進行審核、記帳。

(3) 若其他子系統未全部結帳，則總帳管理系統本月不能結帳，結帳前要注意進行賬套備份。

(4) 可將生成的報表保存到指定位置，方便查看。

任務評價

表 2-7-1　期末業務處理評價表

評價內容	評價標準	分值	學生自評	老師評估
購銷存管理系統期末業務處理	能正確完成購銷存管理系統期末業務處理	30 分		
總帳管理系統期末業務處理	能正確完成總帳管理系統期末業務處理	30 分		
財務報表系統期末業務處理	能正確完成財務報表系統期末業務處理	20 分		
賬套備份	能正確完成"001 鯨咚公司"賬套的備份	5 分		
情感評價	安全意識 法制意識 責任意識 自主學習能力 獨立思考能力 團結協作能力 吃苦耐勞 心理健康	15 分		
學習體會：				

附錄一　企業相關資訊及期初資料

一、工商、稅務登記及開戶等相關資訊

　　重慶鯨咚電子商務有限責任公司是經工商行政管理部門批准註冊成立的有限責任公司，經營範圍：批發、零售 Ad 運動裝及 Ni 休閒裝，產品內銷。該企業為增值稅一般納稅人，企業增值稅率為 17%。註冊資本 80 萬元，其中張三出資 50 萬元，王一出資 30 萬元。該企業註冊地址為重慶市北碚區同興北路 116-2 號，電話 023-888899X9，開戶銀行為中國建設銀行重慶北碚支行，賬號 500010936000508889X9，稅號 500109203X88999，法人代表張三，財務負責人鄭苑，會計胡悅，出納肖蜀。

二、企業組織架構

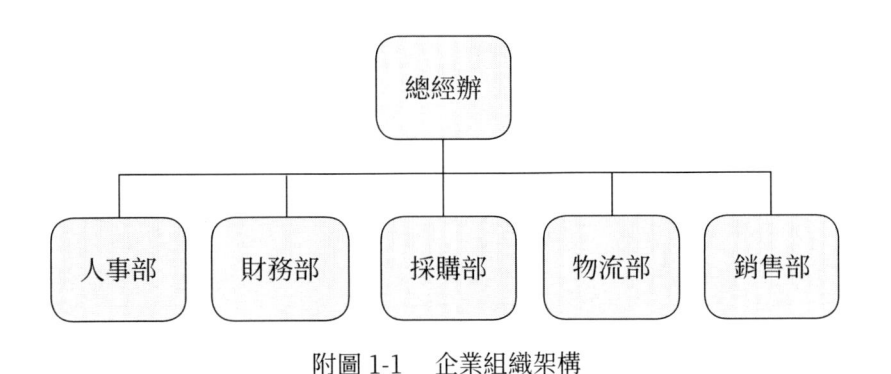

附圖 1-1　企業組織架構

附表 1-1　職員分佈情況表

序號	姓名	部門	崗位	備註
1	張三	總經辦	總經理	
2	王一	總經辦	副總經理	
3	鄭苑	財務部	財務部經理	
4	胡悅	財務部	會計	
5	肖蜀	財務部	出納	
6	鐘強	人事部	人事部主管	
7	劉傑	物流部	物流部主管	
8	趙懿	物流部	庫管	
9	田晶	採購部	採購部主管	
10	包鑫	採購部	採購員	
11	龍東	銷售部	客服主管	
12	周怡	銷售部	銷售人員	
13	程梅	銷售部	搬運工	
14	謝吉	銷售部	叉車司機	
15	付野	銷售部	行銷主管	
16	高隱	銷售部	市場行銷策劃	
17	何密	銷售部	網站維護	
18	馬輝	銷售部	美工、攝像	
19	呂蘭	銷售部	網頁設計	

三、企業會計核算制度及核算辦法

（1）本公司採用小企業會計核算制度。

（2）本公司採用權責發生制進行賬務處理。

（3）本公司以人民幣為記帳本位幣。

(4) 本公司會計年度自西曆 1 月 1 日至 12 月 31 日。

(5) 本公司根據《中華人民共和國會計法》和《企業會計準則》逐級設置會計科目。

(6) 本公司採用通用記帳憑證記帳，按月列印裝訂成冊，並按 1 月至 12 月的順序編號歸檔。

(7) 本公司採用借貸記帳法。

(8) 本公司賬務處理流程：會計根據審核無誤的原始憑證填制記帳憑證—財務部經理審核記帳憑證—會計根據審核後的記帳憑證登記明細帳和 T 型賬—會計根據 T 型賬編制科目匯總表—會計根據科目匯總表登記總分類帳—財務經理根據總帳編制會計報表。

(9) 本公司庫存現金限額：20000.00 元。

(10) 本公司庫存商品成本採用品種法核算，發出商品按實際成本計價，單價按全月一次加權平均成本計算，商品的銷售成本于月末時填制"商品銷售成本計算表"一次結轉。

(11) 本公司繳納稅種及比例如下：增值稅：稅率 17%。

城市維護建設稅：計稅依據為每期應交增值稅稅額，稅率為 7%。教育費附加：計稅依據為每期應交增值稅稅額，稅率為 3%。

地方教育費附加：計稅依據為每期應交增值稅稅額，稅率為 2%。

印花稅：一是按營業帳簿、權利許可證照等應稅憑證文件為依據核算，建立帳簿時每本 5.00 元（新增實收資本除外）。二是每季末核定徵收，按（當季銷售收入金額 ×100%+ 當季庫存商品採購金額 ×70%）×0.03% 公式計算。

企業所得稅：按本季應納稅所得額計算，稅率為 25%。

四、企業期初資料相關表格

附表 1-2　固定資產明細表

時間 2015 年 11 月　　淨殘值率 3%　　折舊方法：年限平均法　　單位：元

編號	名稱	使用部門	入賬日期	單位	數量	原幣單價	金額	使用年限	預計淨殘值	月折舊率	月折舊額	已提折舊	已使用月份	淨值
1	房屋（辦公樓）	管理部門	2013年12月	套	1	600000.00	600000.00	20	18000.00	0.40%	2425.00	55775.00	23	544225.00
2	小汽車（寶馬）	管理部門	2013年12月	輛	1	400000.00	400000.00	4	12000.00	2.02%	8083.33	185916.67	23	214083.33
3	麵包車（長安）	銷售部門	2013年12月	輛	1	80000.00	80000.00	4	2400.00	2.02%	1616.67	37183.33	23	42816.67
4	HP電腦	管理部門	2013年12月	台	5	4500.00	22500.00	5	675.00	1.62%	363.75	8366.25	23	14133.75
5	HP印表機	管理部門	2013年12月	台	5	2000.00	10000.00	5	300.00	1.62%	161.67	3718.33	23	6281.67
6	海爾空調	管理部門	2013年12月	台	4	4000.00	16000.00	5	480.00	1.62%	258.67	5949.33	23	10050.67
合計							1128500.00		33855.00		12909.09	296908.91		831591.09

附錄一　企業相關資訊及期初資料

附表 1-3　2015 年 11 月總帳及明細帳帳戶餘額表

單位：元

總帳科目	明細科目	借方餘額	貸方餘額	應設置帳簿
庫存現金		20000.00		總帳及現金日記帳
銀行存款	建行北碚支行	325600.68		總帳及銀行日記帳
應收賬款		205600.00		總帳
	重慶雙銳有限責任公司	27600.00		三欄式明細帳
	重慶景泰有限責任公司	100000.00		三欄式明細帳
	重慶美鎂有限責任公司	78000.00		三欄式明細帳
其他應收款		12000.00		總帳
	張三	4000.00		三欄式明細帳
	鐘強	8000.00		三欄式明細帳
庫存商品		15150.00		總帳
	Ad 運動裝（數量 20 套）	5700.00		數量單價金額式賬
	Ni 休閒裝（數量 30 套）	9450.00		數量單價金額式賬
固定資產	詳見固定資產明細表	1128500.00		總帳及固定資產明細帳
累計折舊			296908.91	總帳及固定資產明細帳
短期借款	建行北碚支行		200000.00	總帳及三欄式明細帳
應付帳款			123000.00	總帳
	重慶 Ad 運動裝有限公司		68000.00	三欄式明細帳
	重慶 Ni 休閒裝有限公司		55000.00	三欄式明細帳
應付職工薪酬			26301.92	總帳及三欄式明細帳
應交稅費			8792.29	總帳
	應交增值稅（未交增值稅）		7850.25	應交增值稅明細帳
	應交城建稅		549.52	三欄式明細帳
	應交教育費附加		235.51	三欄式明細帳
	應交地方教育費附加		157.01	三欄式明細帳
其他應付款			49230.00	總帳
	重慶鮮美餐飲公司		23000.00	三欄式明細帳
	重慶市電力公司		1600.00	三欄式明細帳

總帳科目	明細科目	借方餘額	貸方餘額	應設置帳簿
	重慶市自來水有限公司		630.00	三欄式明細帳
	重慶中宗快遞公司		24000.00	三欄式明細帳
應付利息	建行利息		3000.00	總帳及三欄式明細帳
實收資本			800000.00	總帳
	張三		500000.00	三欄式明細帳
	王一		300000.00	三欄式明細帳
本年利潤			137508.36	總帳及三欄式明細帳
利潤分配			62109.20	總帳
	未分配利潤		62109.20	三欄式明細帳
合計		1706850.68	1706850.68	

附表 1-4　2015 年 10 月 -11 月累計利潤表

單位：元

項目	本期發生額	10 月 -11 月累計發生額
一、營業收入		827697.24
減：營業成本		372463.82
營業稅金及附加		2025.98
銷售費用		24205.39
管理費用		310068.14
財務費用		1145.65
資產減值損失		
加：公允價值變動收益（損失以"—"號填列）		
投資收益（損失以"—"號填列）		
其中：對聯營企業和合營企業的投資收益		
二、營業利潤（虧損以"—"號填列）		117788.26
加：營業外收入		5701.37
減：營業外支出		2100.52
其中：非流動資產處置損失		
三、利潤總額（虧損以"—"號填列）		121389.11
減：所得稅費用		
四、淨利潤（淨虧損以"—"號填列）		121389.11

附錄一　企業相關資訊及期初資料

附表 1-5　重慶鯨咚電子商務有限責任公司社會保險計算表

單位：元

姓名	部門	應發工資	繳費基數	養老保險 單位 20%	養老保險 個人 8%	醫療 單位 9.5%	醫療 個人 2%+4	失業保險 單位 1%	失業保險 個人 1%	住房公積金 單位 12%	住房公積金 個人 12%	工傷 單位 0.5%	生育 單位 0.5%	單位繳費合計	個人代扣合計
張三	總經辦	20000.00	14213.00	2842.60	1137.04	1350.24	288.26	142.13	142.13	1705.56	1705.56	71.07	71.07	6182.66	3272.99
王一	總經辦	15000.00	14213.00	2842.60	1137.04	1350.24	288.26	142.13	142.13	1705.56	1705.56	71.07	71.07	6182.66	3272.99
鄭苑	財務部	5000.00	5000.00	1000.00	400.00	475.00	104.00	50.00	50.00	600.00	600.00	25.00	25.00	2175.00	1154.00
胡悅	財務部	4000.00	4000.00	800.00	320.00	380.00	84.00	40.00	40.00	480.00	480.00	20.00	20.00	1740.00	924.00
尚蜀	財務部	3500.00	3500.00	700.00	280.00	332.50	74.00	35.00	35.00	420.00	420.00	17.50	17.50	1522.50	809.00
鐘強	人事部	3500.00	3500.00	700.00	280.00	332.50	74.00	35.00	35.00	420.00	420.00	17.50	17.50	1522.50	809.00
劉傑	物流部	5000.00	5000.00	1000.00	400.00	475.00	104.00	50.00	50.00	600.00	600.00	25.00	25.00	2175.00	1154.00
趙慧	物流部	3000.00	3000.00	600.00	240.00	285.00	64.00	30.00	30.00	360.00	360.00	15.00	15.00	1305.00	694.00
田晶	採購部	5000.00	5000.00	1000.00	400.00	475.00	104.00	50.00	50.00	600.00	600.00	25.00	25.00	2175.00	1154.00
包鑫	採購部	3500.00	3500.00	700.00	280.00	332.50	74.00	35.00	35.00	420.00	420.00	17.50	17.50	1522.50	809.00
小計		67500.00	60926.00	12185.20	4874.08	5787.97	1258.52	609.26	609.26	7311.12	7311.12	304.63	304.63	26502.81	14052.98
龍真	銷售部	5000.00	5000.00	1000.00	400.00	475.00	104.00	50.00	50.00	600.00	600.00	25.00	25.00	2175.00	1154.00
周怡	銷售部	3500.00	3500.00	700.00	280.00	332.50	74.00	35.00	35.00	420.00	420.00	17.50	17.50	1522.50	809.00
程梅	銷售部	2000.00	2843.00	568.60	227.44	270.09	60.86	28.43	28.43	341.16	341.16	14.22	14.22	1236.71	657.89
謝吉	銷售部	4000.00	4000.00	800.00	320.00	380.00	84.00	40.00	40.00	480.00	480.00	20.00	20.00	1740.00	924.00

姓名	部門	應發工資	繳費基數	養老保險 單位 20%	養老保險 個人 8%	醫療 單位 9.5%	醫療 個人 2%+4	失業保險 單位 1%	失業保險 個人 1%	住房公積金 單位 12%	住房公積金 個人 12%	工傷 單位 0.5%	生育 單位 0.5%	單位繳費合計	個人代扣合計
付野	銷售部	5000.00	5000.00	1000.00	400.00	475.00	104.00	50.00	50.00	600.00	600.00	25.00	25.00	2175.00	1154.00
高應	銷售部	5000.00	5000.00	1000.00	400.00	475.00	104.00	50.00	50.00	600.00	600.00	25.00	25.00	2175.00	1154.00
何密	銷售部	4000.00	4000.00	800.00	320.00	380.00	84.00	40.00	40.00	480.00	480.00	20.00	20.00	1740.00	924.00
馬輝	銷售部	4000.00	4000.00	800.00	320.00	380.00	84.00	40.00	40.00	480.00	480.00	20.00	20.00	1740.00	924.00
呂蘭	銷售部	4000.00	4000.00	800.00	320.00	380.00	84.00	40.00	40.00	480.00	480.00	20.00	20.00	1740.00	924.00
小計		36500.00	37343.00	7468.60	2987.44	3547.59	782.86	373.43	373.43	4481.16	4481.16	186.72	186.72	16244.21	8624.89
合計		104000.00	98269.00	19653.80	7861.52	9335.56	2041.38	982.69	982.69	11792.28	11792.28	491.35	491.35	42747.02	22677.87

備註：2014年年平均工資56852.00元（4738.00元/月），2015年社保為2843.00～14213.00元（60%～300%），社保繳納基數低於2843.00元的人員按照2843.00元計算補收差額。

附錄一　企業相關資訊及期初資料

附表 1-6　重慶鯨咚電子商務有限責任公司 2015 年 12 月工資發放表

單位：元

| 姓名 | 部門 | 應發工資 | 代扣款項 ||||| 實發工資 |
			養老保險	醫療保險	失業保險	住房公積金	個人所得稅	小計	
張三	總經辦	20000.00	1137.04	288.26	142.13	1705.56	2301.75	5574.74	14425.26
王一	總經辦	15000.00	1137.04	288.26	142.13	1705.56	1090.40	4363.39	10636.61
鄭苑	財務部	5000.00	400.00	104.00	50.00	600.00	10.38	1164.38	3835.62
胡悅	財務部	4000.00	320.00	84.00	40.00	480.00	0.00	924.00	3076.00
尚菊	財務部	3500.00	280.00	74.00	35.00	420.00	0.00	809.00	2691.00
鍾強	人事部	3500.00	280.00	74.00	35.00	420.00	0.00	809.00	2691.00
劉傑	物流部	5000.00	400.00	104.00	50.00	600.00	10.38	1164.38	3835.62
趙懿	物流部	3000.00	240.00	64.00	30.00	360.00	0.00	694.00	2306.00
田晶	採購部	5000.00	400.00	104.00	50.00	600.00	10.38	1164.38	3835.62
包鑫	採購部	3500.00	280.00	74.00	35.00	420.00	0.00	809.00	2691.00
小計		67500.00	4874.08	1258.52	609.26	7311.12	3423.29	17476.27	50023.73
龍東	銷售部	5000.00	400.00	104.00	50.00	600.00	10.38	1164.38	3835.62
周怡	銷售部	3500.00	280.00	74.00	35.00	420.00	0.00	809.00	2691.00
程梅	銷售部	2000.00	227.44	60.86	28.43	341.16	0.00	657.89	1342.11

| 姓名 | 部門 | 應發工資 | 代扣款項 ||||| 實發工資 |
			養老保險	醫療保險	失業保險	住房公積金	個人所得稅	小計	
謝吉	銷售部	4000.00	320.00	84.00	40.00	480.00	0.00	924.00	3076.00
付野	銷售部	5000.00	400.00	104.00	50.00	600.00	10.38	1164.38	3835.62
高隱	銷售部	5000.00	400.00	104.00	50.00	600.00	10.38	1164.38	3835.62
何密	銷售部	4000.00	320.00	84.00	40.00	480.00	0.00	924.00	3076.00
馬輝	銷售部	4000.00	320.00	84.00	40.00	480.00	0.00	924.00	3076.00
呂蘭	銷售部	4000.00	320.00	84.00	40.00	480.00	0.00	924.00	3076.00
小計		36500.00	2987.44	782.86	373.43	4481.16	31.14	8656.03	27843.97
合計		104000.00	7861.52	2041.38	982.69	11792.28	3454.43	26132.30	77867.70

附錄一　企業相關資訊及期初資料

附表 1-7　本公司人員分工表

序號	姓名	崗位	工作內容	備註
1	鄭苑	財務部經理	電算化系統管理員，並負責記帳憑證的審核、財務報表的編制	
2	胡悅	會計	審核原始憑證、填制記帳憑證；登記明細帳T型賬、總帳等	
3	肖蜀	出納	負責貨幣資金結算，登記現金日記帳及銀行存款日記帳	
4	劉傑	物流部主管	負責商品收發的調度	
5	趙懿	庫管	審核出、入庫單據，辦理出入庫手續	
6	田晶	採購部主管	負責審核採購訂單及採購合同的簽訂	
7	包鑫	採購員	錄入採購訂單、填制採購入庫單	
8	周怡	銷售人員	錄入銷售訂單、填制銷售出庫單	
9	付野	行銷主管	負責審核銷售訂單及銷售合同的簽訂	

附錄二 企業相關資訊及期初資料[1]

1-1

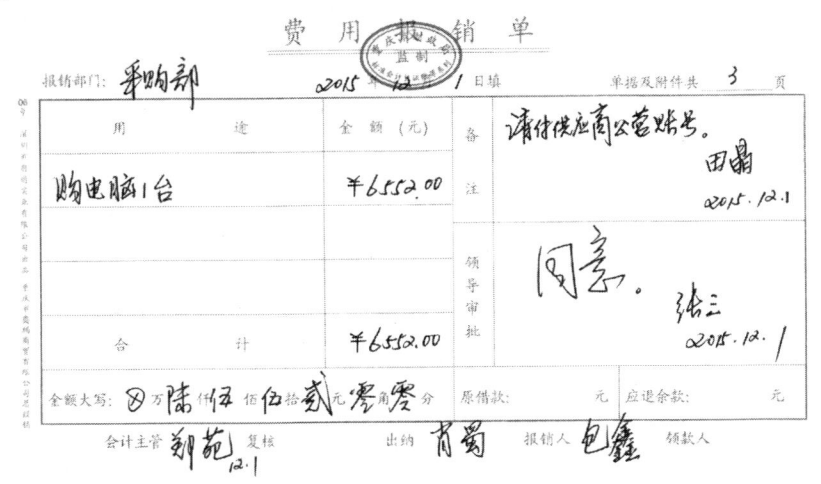

費用報銷單

報銷部門：采购部　　2015年12月1日填　　单据及附件共 3 页

用途	金額（元）	备注
购电脑1台	¥6552.00	请付供应商公营账号。田晶 2015.12.1
		领导审批：同意。张三 2015.12.1
合计	¥6552.00	

金额大写：⊗万陆仟伍佰伍拾贰元零角零分　　原借款：　元　　应退余款：　元

会计主管：邹苑 12.1　　出纳：肖蜀　　报销人：包鑫　　领款人：

1-2

5000114141

重庆增值税专用发票（模拟）　　No 01817380

开票日期：2015年12月01日

购货单位	名　　称：重庆鲸咚电子商务有限责任公司	密码区	**8〉/*9*01〉22+ **8〉/*7*01〉33*+ **8〉/*9*01〉22*+ **8〉/*0*01〉11*+
	纳税人识别号：500109203X88999		
	地址、电话：重庆市北碚区同兴北路116-2号 023-888899X9		
	开户行及账号：中国建设银行重庆北碚支行500010936000508889X9		

货物或应税劳务名称	规格型号	单位	数量	单价	金额	税率	税额
电脑	HR704	台	1	5600.00	5600.00	17%	952.00
合计					¥5600.00		¥952.00

价税合计（大写）：⊕陆仟伍佰伍拾贰元整　　（小写）¥6552.00

销货单位	名　　称：重庆惠仁有限公司
	纳税人识别号：500109XXX111112
	地址、电话：重庆市北碚区东路5号 023-699999X1
	开户行及账号：中国建设银行重庆北碚支行500010936000502222X1

收款人：　　复核：　　开票人：XXX　　销货单位：（章）

第三联：发票联　购买方记账凭证

---

[1] 附錄二企業經濟業務對應原始憑證為專案一任務九各題對應的原始憑證。

1-3

5000114141　　　　　　　重庆增值税专用发票（模拟）　　　　　No 01817380

开票日期：2015年12月01日

购货单位	名称：重庆鲸咚电子商务有限责任公司 纳税人识别号：500109203X88999 地址、电话：重庆市北碚区同兴北路116-2号 023-888899X9 开户行及账号：中国建设银行重庆北碚支行500010936000508889X9	密码区	**8〉/*9〉01〉22+ **8〉/*7〉01〉33*+ **8〉/*9〉01〉22+ **8〉/*0〉01〉11*+

货物或应税劳务名称	规格型号	单位	数量	单价	金额	税率	税额
电脑	HR704	台	1	5600.00	5600.00	17%	952.00
合计					￥5600.00		￥952.00

价税合计（大写）：⊕陆仟伍佰伍拾贰元整　　　（小写）￥6552.00

销货单位	名称：重庆惠仁有限公司 纳税人识别号：500109XXX111112 地址、电话：重庆市北碚区东路5号 023-699999X1 开户行及账号：中国建设银行重庆北碚支行500010936000502222X1	备注

收款人：　　　　复核：　　　　开票人：XXX　　　　销货单位：（章）

1-4

入 库 单

供货单位：重庆惠仁有限公司　　　　　　　　　　　　2015年12月01日

编号	种类	产品名称	型号	规格	入库数量	单位	单价	成本金额							
								百	十	万	千	百	十	元	角	分
1	资产	电脑	HR704		1	台	5600.00				5	6	0	0	0	0

合计：⊕佰⊕拾⊕万伍仟陆佰零拾零元零角零分　　￥ 5 6 0 0 0 0

负责人：　　　记账：胡悦　　　收货：赵懿　　　填单：包鑫

1-5

中国建设银行客户专用回单

转账日期：2015年12月01日　　　　　　　　凭证字号：201512013011201

支付交易序号：47173361　　包发起清算行行号：115653007002　　交易种类：BEPS 贷记
接收行名称：中国建设银行重庆北碚支行
收款人账号：500010936000502222X1
收款人名称：重庆惠仁有限公司
发起行名称：中国建设银行重庆北碚支行
汇款人账号：500010936000508889X9
汇款人名称：重庆鲸咚电子商务有限责任公司
货币符号、金额：CNY6,552.00
大写金额：人民币陆仟伍佰伍拾贰元整
附言：货款
第1次打印　　　　　　　　　　　　　　　　　打印日期：20151201

（印章：中国建设银行重庆北碚支行 2015.12.01 办讫章（4））

作付款回单（无银行办讫章无效）　　　　复核　　　记账

2-1

中国建设银行客户专用回单

转账日期：2015年12月02日　　　　　　　　凭证字号：201512023011202

支付交易序号：47173362　　包发起清算行行号：115653007002　　交易种类：BEPS 贷记
接收行名称：中国建设银行重庆北碚支行
收款人账号：500010936000508889X9
收款人名称：重庆鲸咚电子商务有限责任公司
发起行名称：中国建设银行重庆渝北支行
汇款人账号：500010936000503333XX2
汇款人名称：重庆双锐有限责任公司
货币符号、金额：CNY27,600.00
大写金额：人民币贰万柒仟陆佰元整
附言：货款
第1次打印　　　　　　　　　　　　　　　　　打印日期：20151202

（印章：中国建设银行重庆北碚支行 2015.12.02 办讫章（4））

作收款回单（无银行办讫章无效）　　　　复核　　　记账

3-1

中国建设银行汇票申请书（贷方凭证）

第 3 号

申请日期：2015 年 12 月 03 日

申请人	重庆鲸咚电子商务有限责任公司	收款人	重庆 Ad 运动装有限公司
账号或住址	中国建设银行重庆北碚支行 50001093600050 8889X9	账号或住址	中国建设银行重庆北碚支行 50001093600050 5555X5
用途	货款	代理付款行	中国建设银行重庆北碚支行
汇票金额	人民币（大写）玖万捌仟贰佰捌拾元整		千 百 十 万 千 百 十 元 角 分 ¥ 9 8 2 8 0 0 0
备注		科目（贷） 对方科目（借） 转账日期　　　　年　月　日 复核　　　　记账　　　　出纳	

3-2

中国建设银行客户专用回单

转账日期：2015 年 12 月 03 日　　　　凭证字号：201512033011203

支付交易序号：47173363　　包发起清算行行号：115653007002　　交易种类：BEPS 贷记
接收行名称：中国建设银行重庆北碚支行
收款人账号：50001093600050555X5
收款人名称：重庆 Ad 运动装有限公司
发起行名称：中国建设银行重庆北碚支行
汇款人账号：50001093600050888X9
汇款人名称：重庆鲸咚电子商务有限责任公司
货币符号、金额：CNY98,280.00
大写金额：人民币玖万捌仟贰佰捌拾元整
附言：货款
第 1 次打印

中国建设银行重庆北碚支行
2015.12.03
办讫章
（4）

打印日期：20151203

作收款回单（无银行办讫章无效）　　　　复核　　　　记账

附錄二　企業經濟業務對應原始憑證

4-1

付款申请单

2015年12月04日

领用部门	人事部	预支金额	￥24000.00
领用人	钟强	付款归属行	建行	付款方式	网银
用途	付重庆中宗快递公司快递费			（限额　　元）
单位负责人签章	张三	财务部门领导签章	郑苑
审核	王	备注：	

主办会计（审核）：胡悦　　　　　　　　　　　出纳：肖蜀

4-2

中国建设银行客户专用回单

转账日期：2015年12月04日　　　　　凭证字号：201512043011204

支付交易序号：48173364　包发起清算行行号：115653007002　交易种类：BEPS 贷记
接收行名称：中国建设银行重庆北碚支行
收款人账号：50001093600050333XX1
收款人名称：重庆中宗快递公司
发起行名称：中国建设银行重庆北碚支行
汇款人账号：50001093600508889X9
汇款人名称：重庆鲸咚电子商务有限责任公司
货币符号、金额：CNY24,000.00
大写金额：人民币贰万肆仟元整
附言：快递费
第1次打印

中国建设银行重庆北碚支行
2015.12.04
办讫章
（4）

打印日期：20151204

作收款回单（无银行办讫章无效）　　　复核　　　记账

5-1

中国建设银行
银行汇票 2

$\frac{CQ}{01}$ 71001533

第 号

付款期限 壹个月			
（大写） 贰零壹伍年壹拾贰月零伍日	代理付款行：建行北碚支行		行号：115653007001
收款人：重庆Ad运动装有限公司	账号：50001093600050 5555X5		
出票金额	人民币 （大写）玖万捌仟贰佰捌拾元整		
实际结算金额	人民币 （大写）玖万捌仟贰佰捌拾元整	千 百 十 万 千 百 十 元 角 分	￥ 9 8 2 8 0 0 0

申请人：重庆鲸咚电子商务有限责任公司　账号或住址：50001093600050 8889X9
出票行：建行北碚支行　行号：

备　注：
凭票付款

	科目（借）
多余金额	对方科目（贷）
千 百 十 万 千 百 十 元 角 分	兑付日期　年　月　日
	复核　　　记账

出票行签章

5-2

5000114141

重庆增值税专用发票（模拟）

No 01817381

发票联（二）

开票日期：2015年12月05日

购货单位	名　称：重庆鲸咚电子商务有限责任公司 纳税人识别号：500109203X88999 地址、电话：重庆市北碚区同兴北路116-2号　023-888899X9 开户行及账号：中国建设银行重庆北碚支行50001093600050 8889X9	密码区	**1)/*8*02)33*+ **6)/*5*02)01*+ **1)/*4*02)33*+ **6)/*3*02)00*+
货物或应税劳务名称	规格型号	单位	数量	单价	金额	税率	税额
Ad运动装	Ad	套	300	280.00	84000.00	17%	14280.00
合计					￥84000.00		￥14280.00
价税合计（大写）	⊖玖万捌仟贰佰捌拾元整				（小写）￥98280.00		
销货单位	名　称：重庆Ad运动装有限公司 纳税人识别号：500109XXX111113 地址、电话：重庆市北碚区上海路1号　023-688888X5 开户行及账号：中国建设银行重庆北碚支行50001093600050 5555X5	备注	

收款人：　　　复核：　　　开票人：XXX　　　销货单位：（章）

附錄二　企業經濟業務對應原始憑證

5-3

5000114141　　　　　重庆增值税专用发票(模拟)　　　　No 01817381

开票日期：2015年12月05日

购货单位	名　　称：重庆鲸咚电子商务有限责任公司	密码区	**1)/*8*02>33*+ **6)/*5*02>01*+ **1)/*4*02>33*+ **6)/*3*02>00*+
	纳税人识别号：500109203X88999		
	地址、电话：重庆市北碚区同兴北路116-2号　023-888899X9		
	开户行及账号：中国建设银行重庆北碚支行50001093600050888 9X9		

货物或应税劳务名称	规格型号	单位	数量	单价	金额	税率	税额
Ad运动装	Ad	套	300	280.00	84000.00	17%	14280.00
合计					¥84000.00		¥14280.00

价税合计(大写)	⊕玖万捌仟贰佰捌拾元整	(小写) ¥98280.00

销货单位	名　　称：重庆Ad运动装有限公司
	纳税人识别号：500109XXX111113
	地址、电话：重庆市北碚区上海路1号　023-688888X5
	开户行及账号：中国建设银行重庆北碚支行500010936000505555X5

收款人：　　　复核：　　　开票人：XXX　　　销货单位：(章)

第二联：抵扣联　购买方扣税凭证

国税函[2011]313号西安印钞有限公司

5-4

入 库 单

供货单位：重庆Ad运动装有限公司　　　　　　　2015年12月05日

编号	种类	产品名称	型号	规格	入库数量	单位	单价	成本金额							
								百	十	万	千	百	十	元	角	分
1	库存商品	运动装	Ad		300	套	280.00			8	4	0	0	0	0	0
合计：⊕佰⊕拾捌万肆仟零佰零拾零元零角零分							¥			8	4	0	0	0	0	0

三 财务记账联

负责人：　　　记账：胡悦　　　收货：赵懿　　　填单：包鑫

147

6-1

重庆市国家税务局通用机打发票

重庆市电力公司
日期:2015年12月05日9:34:46　　行业分类:供电

发票代码150001251331
发票号码09314080
09314069

| 户号:1505687794 | 户名:重庆鲸咚电子商务有限责任公司 |

地址:重庆市北碚区同兴北路116-2号
应收电费1200.00　　本次实收金额(小写)1200.00　(大写)壹仟贰佰元整
其中:实收电费(小写)1200.00　　　　　　　(大写)壹仟贰佰元整
其中:实收违约金(小写)0 (大写)零元整　上次余额0.44　本次余额0.00
计费月份:2015年11月
应收电费明细:

用电类别	止数	起数	倍率	使用电量	损耗	加减电量	合计电量	电价	金额
居民其他类10KV	5338.27	2803.27	1000	2535	0	0	2535	0.4732	1199.56
居民其他类10KV	0		1000	0				0.0000	0.00
居民其他类10KV	0		1000	0				0.0000	0.00

代征款:项目	电量	电价	金额	代征款:项目	电量	电价	金额
农网还贷	0	0.02000	0	公用附加	0	0.02000	0
移民后扶资金	0	0.00830	0	再生能源附加	0	0.00100	0
小水库后扶金	0	0.000500	0	水利基金	0	0.007000	0

备注:"应收电费"作为成本报销金额;"本次实收金额"仅为资金支付的凭据
单位:重庆市电力公司北碚供电局　收费日期:2015-12-05 09:34:46　收费员:00015628　打印序号:99060

税号:500902202856660

6-2

付款申请单

2015年12月05日

领用部门	人事部	预支金额	￥1200.00
领用人	钟强	付款归属行	建行	付款方式	网银
用途			
付重庆市电力公司电费			
			(限额　元)
单位负责人签章	张三	财务部门领导签章	郑苑
审核	王.	备注:	

主办会计(审核):胡悦　　　　　　　　　出纳:肖蜀

6-3

中国建设银行客户专用回单

转账日期：2015年12月05日　　　　　　　　　　凭证字号：201512053011205

支付交易序号：48173365　　包发起清算行行号：115653007002　　交易种类：BEPS 贷记

接收行名称：中国建设银行重庆北碚支行

收款人账号：50001093600051222XX2

收款人名称：重庆市电力公司

发起行名称：中国建设银行重庆北碚支行

汇款人账号：50001093600050 8889X9

汇款人名称：重庆鲸咚电子商务有限责任公司

货币符号、金额：CNY1,200.00

大写金额：人民币壹仟贰佰元整

附言：电费

第1次打印　　　　　　　　　　　　　　　　　　打印日期：20151205

（中国建设银行重庆北碚支行　2015.12.05　办讫章（4））

作收款回单(无银行办讫章无效)　　　　　复核　　　　记账

6-4

电力费用分配表

序号	费用项目	总金额	受益部门	分配金额	科目
1	电费	1200.00	销售部门	700.00	
2			行政管理部门	500.00	
合计				1200.00	

7-1

重庆市国家税务局通用机打发票

重庆市自来水有限公司　　　　　　　　　　　　　发票代码 150001151171
　　　　　　　　　　　　　　　　　　　　　　　　发票号码 00807901
日期：2015年12月06日 9:34:46　　行业分类：自来水生产和供应　　00807987

区号	0840	户号	5727	户名	重庆鲸咚电子商务有限责任公司
起度	84890	止度	85051	地址	重庆市北碚区同兴北路116-2号
类别	水量	水价(元/m³)	金额	类别	水量	水价(元/m³)	金额
居民水费	161	2.50	402.50				
污水处理费	161	0.79192	127.50				
水费合计大写	人民币伍佰叁拾元整			小写	￥530.00		
备注	上次余额0.00，本次余额0.00正常						
抄表日期：2015-12-04 0:00:00　收费：朱珠　客户服务热线：9668X6							
税务登记号：500103202701914　地址：重庆市渝中区金汤街81#							

7-2

付款申请单

2015年12月06日

领用部门	人事部	预支金额	￥530.00
领用人	钟强	付款归属行	建行	付款方式	网银
用途			
付重庆市自来水有限公司水费			（限额　元）
单位负责人签章	张三	财务部门领导签章	郑苑
审核	王	备注：	

主办会计(审核)：胡悦　　　　　　　　　出纳：肖蜀

7-3

水费分配表

序号	费用项目	总金额	受益部门	分配金额	科目
1	水费	530.00	销售部门	310.00	
2			行政管理部门	220.00	
	合计			￥530.00	

7-4

中国建设银行客户专用回单

转账日期：2015年12月06日　　　　　　　　凭证字号：201512063011206

支付交易序号：48173366　　包发起清算行行号：115653007002　　交易种类：BEPS 贷记
接收行名称：中国建设银行重庆北碚支行
收款人账号：50010320270191422XX2
收款人名称：重庆市自来水有限公司
发起行名称：中国建设银行重庆北碚支行
汇款人账号：500010936000508889X9
汇款人名称：重庆鲸咚电子商务有限责任公司
货币符号、金额：CNY 530.00
大写金额：人民币伍佰叁拾元整
附言：水费
第1次打印　　　　　　　　　　　　　　　　打印日期：20151206

(中国建设银行重庆北碚支行 2015.12.06 办讫章 (4))

作收款回单(无银行办讫章无效)　　　复核　　　记账

8-1

收　据

入账日期：2015年12月06日

今收到　重庆美镁有限责任公司　现金

金额(大写)　叁拾叁万伍仟零佰零拾零元零角零分

收款事由　　　　　货款

￥35000.00　　　收款单位(财务专用章)

(重庆鲸咚电子商务有限责任公司 财务专用章)

核准　　会计　　记账　　出纳 肖蜀　　经手人 周怡

第一联：收款记账联

8-2

中国建设银行客户专用回单

转账日期：2015 年 12 月 06 日　　　　　　　　凭证字号：201512063011207

支付交易序号：47173367　　包发起清算行行号：115653007002　　交易种类：BEPS 贷记
接收行名称：中国建设银行重庆北碚支行
收款人账号：50001093600050 8889X9
收款人名称：重庆鲸咚电子商务有限责任公司
发起行名称：中国建设银行重庆北碚支行
汇款人账号：50001083611150333XX3
汇款人名称：重庆美镁有限责任公司
货币符号、金额：CNY43,000.00
大写金额：人民币肆万叁仟元整
附言：欠款
第1次打印

中国建设银行重庆北碚支行
2015.12.06
办讫章
（4）

打印日期：20151206

作收款回单（无银行办讫章无效）　　　复核　　　记账

8-3

中国建设银行
现金交款单

币别：人民币　　　　2015 年 12 月 06 日　　　流水号 2011121218913062

单位填写	收款单位	重庆鲸咚电子商务有限责任公司	交款人			肖蜀						
	账　号	50001093600050 8889X9	款项来源			重庆美镁有限责任公司						
				亿	千	百	十	万	千	百	十	元	角	分
	（大写）人民币叁万伍仟元整							¥	3	5	0	0	0	0

银行确认栏：
收款人账号：50001093600050 8889X9
收款人银行：中国建设银行重庆北碚支行
收款人户名：重庆鲸咚电子商务有限责任公司
交款人名称：肖蜀
- - - - - - - - - - - - - - - - - - - -
120601　　　收 35,000.00

　　　　收入金额：35,000.00
　　　　实收金额：35,000.00
交易日期：2015 年 12 月 06 日

中国建设银行重庆北碚支行
2015.12.06
办讫章
（4）

第二联：客户回单

复核：　　　　　　录入：张慧　　　　　出纳：

附錄二　企業經濟業務對應原始憑證

9-1

入 库 单

收货单位:重庆鲸咚电子商务有限责任公司　　　　2015年12月07日

编号	种类	产品名称	型号	规格	入库数量	单位	单价	成本金额									
								百	十	万	千	百	十	元	角	分
1	库存商品	休闲装	Ni		250	套	300.00			7	5	0	0	0	0	0
合计：⊕佰⊕拾柒万伍仟零佰零拾零元零角零分								¥		7	5	0	0	0	0	0

负责人：　　　记账：　　　收货：赵懿　　　填单：包鑫

第三联 财务记账联

9-2

5000114140　　　重庆增值税专用发票(模拟)　　　No 03827202

发票联(模拟)　　　开票日期:2015年12月07日

购货单位	名　　称：重庆鲸咚电子商务有限责任公司 纳税人识别号：500109203X88999 地址、电话：重庆市北碚区同兴北路116-2号 023-888899X9 开户行及账号：中国建设银行重庆北碚支行500010936000508889X9	密码区	**8)/*9*01⟩33+ **8)/*7*01⟩44*+ **8)/*9*01⟩22*+ **8)/*0*01⟩12*+

货物或应税劳务名称	规格型号	单位	数量	单价	金额	税率	税额
休闲装	Ni	套	250	300.00	75000.00	17%	12750.00
合计					¥75000.00		¥12750.00

价税合计(大写)	⊕捌万柒仟柒佰伍拾元整	(小写) ¥87750.00

销货单位	名　　称：重庆Ni休闲装有限公司 纳税人识别号：500109XXX211114 地址、电话：重庆市北碚区大牛路5号 023-688898X4 开户行及账号：中国建设银行重庆北碚支行500010936000502111X4	备注	（发票专用章） 重庆Ni休闲装有限公司 500109XXX211114

收款人：　　　复核：　　　开票人：XX　　　销货单位：(章)

用税函[2011]313号西安印钞有限公司

第三联：发票联　购买方记账凭证

153

9-3

5000114140

重庆增值税专用发票（模拟）

No 03827202

开票日期：2015年12月07日

购货单位	名　　称：重庆鲸咚电子商务有限责任公司 纳税人识别号：500109203X88999 地址、电话：重庆市北碚区同兴北路116-2号　023-888899X9 开户行及账号：中国建设银行重庆北碚支行50001093600050888 9X9	密码区	**8)/*9*01〉33+ **8)/*7*01〉44*+ **8)/*9*01〉22*+ **8)/*0*01〉12*+

货物或应税劳务名称	规格型号	单位	数量	单价	金额	税率	税额
休闲装	Ni	套	250	300.00	75000.00	17%	12750.00
合计					￥75000.00		￥12750.00

价税合计（大写）	⊕捌万柒仟柒佰伍拾元整	（小写）￥87750.00

销货单位	名　　称：重庆Ni休闲装有限公司 纳税人识别号：500109XXX211114 地址、电话：重庆市北碚区大牛路5号　023-688898X4 开户行及账号：中国建设银行重庆北碚支行500010936000502111 14	备注

收款人：　　　　复核：　　　　开票人：XX　　　　销货单位：（章）

附錄二　企業經濟業務對應原始憑證

重慶鯨嶸電子商務有限責任公司 2015 年 12 月工資發放表

單位：元

姓名	部門	應發工資	代扣款項 養老保險	醫療保險	失業保險	住房公積金	個人所得稅	小計	實發工資
張三	總經辦	20000.00	1137.04	288.26	142.13	1705.56	2301.75	5574.74	14425.26
王一	總經辦	15000.00	1137.04	288.26	142.13	1705.56	1090.40	4363.39	10636.61
鄭苑	財務部	5000.00	400.00	104.00	50.00	600.00	10.38	1164.38	3835.62
胡悅	財務部	4000.00	320.00	84.00	40.00	480.00	0.00	924.00	3076.00
肖蜀	財務部	3500.00	280.00	74.00	35.00	420.00	0.00	809.00	2691.00
鐘強	人事部	3500.00	280.00	74.00	35.00	420.00	0.00	809.00	2691.00
劉傑	物流部	5000.00	400.00	104.00	50.00	600.00	10.38	1164.38	3835.62
趙懿	物流部	3000.00	240.00	64.00	30.00	360.00	0.00	694.00	2306.00
田晶	採購部	5000.00	400.00	104.00	50.00	600.00	10.38	1164.38	3835.62
包鑫	採購部	3500.00	280.00	74.00	35.00	420.00	0.00	809.00	2691.00
小計		67500.00	4874.08	1258.52	609.26	7311.12	3423.29	17476.27	50023.73
龍東	銷售部	5000.00	400.00	104.00	50.00	600.00	10.38	1164.38	3835.62
周怡	銷售部	3500.00	280.00	74.00	35.00	420.00	0.00	809.00	2691.00
程梅	銷售部	2000.00	227.44	60.86	28.43	341.16	0.00	657.89	1342.11

10-1

| 姓名 | 部門 | 應發工資 | 代扣款項 |||||| 實發工資 |
			養老保險	醫療保險	失業保險	住房公積金	個人所得稅	小計	
謝吉	銷售部	4000.00	320.00	84.00	40.00	480.00	0.00	924.00	3076.00
付野	銷售部	5000.00	400.00	104.00	50.00	600.00	10.38	1164.38	3835.62
高隱	銷售部	5000.00	400.00	104.00	50.00	600.00	10.38	1164.38	3835.62
何密	銷售部	4000.00	320.00	84.00	40.00	480.00	0.00	924.00	3076.00
馬輝	銷售部	4000.00	320.00	84.00	40.00	480.00	0.00	924.00	3076.00
呂蘭	銷售部	4000.00	320.00	84.00	40.00	480.00	0.00	924.00	3076.00
小計		36500.00	2987.44	782.86	373.43	4481.16	31.14	8656.03	27843.97
合計		104000.00	7861.52	2041.38	982.69	11792.28	3454.43	26132.30	77867.70

附錄二 企業經濟業務對應原始憑證

重慶鯨咚電子商務有限責任公司社會保險計算表

單位：元

姓名	部門	應發工資	繳費基數	養老保險 單位 20%	養老保險 個人 8%	醫療 單位 9.5%	醫療 個人 2%+4	失業保險 單位 1%	失業保險 個人 1%	住房公積金 單位 12%	住房公積金 個人 12%	工傷 單位 0.5%	生育 單位 0.5%	單位繳費合計	個人代扣合計
張三	總經辦	20000.00	14213.00	2842.60	1137.04	1350.24	288.26	142.13	142.13	1705.56	1705.56	71.07	71.07	6182.66	3272.99
王一	總經辦	15000.00	14213.00	2842.60	1137.04	1350.24	288.26	142.13	142.13	1705.56	1705.56	71.07	71.07	6182.66	3272.99
鄭苑	財務部	5000.00	5000.00	1000.00	400.00	475.00	104.00	50.00	50.00	600.00	600.00	25.00	25.00	2175.00	1154.00
胡悅	財務部	4000.00	4000.00	800.00	320.00	380.00	84.00	40.00	40.00	480.00	480.00	20.00	20.00	1740.00	924.00
尚蜀	財務部	3500.00	3500.00	700.00	280.00	332.50	74.00	35.00	35.00	420.00	420.00	17.50	17.50	1522.50	809.00
鍾強	人事部	3500.00	3500.00	700.00	280.00	332.50	74.00	35.00	35.00	420.00	420.00	17.50	17.50	1522.50	809.00
劉傑	物流部	5000.00	5000.00	1000.00	400.00	475.00	104.00	50.00	50.00	600.00	600.00	25.00	25.00	2175.00	1154.00
趙懿	物流部	3000.00	3000.00	600.00	240.00	285.00	64.00	30.00	30.00	360.00	360.00	15.00	15.00	1305.00	694.00
田晶	採購部	5000.00	5000.00	1000.00	400.00	475.00	104.00	50.00	50.00	600.00	600.00	25.00	25.00	2175.00	1154.00
包鑫	採購部	3500.00	3500.00	700.00	280.00	332.50	74.00	35.00	35.00	420.00	420.00	17.50	17.50	1522.50	809.00
小計		67500.00	60926.00	12185.20	4874.08	5787.97	1258.52	609.26	609.26	7311.12	7311.12	304.63	304.63	26502.81	14052.98
龍東	銷售部	5000.00	5000.00	1000.00	400.00	475.00	104.00	50.00	50.00	600.00	600.00	25.00	25.00	2175.00	1154.00
周怡	銷售部	3500.00	3500.00	700.00	280.00	332.50	74.00	35.00	35.00	420.00	420.00	17.50	17.50	1522.50	809.00
程梅	銷售部	2000.00	2843.00	568.60	227.44	270.09	60.86	28.43	28.43	341.16	341.16	14.22	14.22	1236.71	657.89
謝吉	銷售部	4000.00	4000.00	800.00	320.00	380.00	84.00	40.00	40.00	480.00	480.00	20.00	20.00	1740.00	924.00

10-2

姓名	部門	應發工資	繳費基數	養老保險 單位 20%	養老保險 個人 8%	醫療 單位 9.5%	醫療 個人 2%+4	失業保險 單位 1%	失業保險 個人 1%	住房公積金 單位 12%	住房公積金 個人 12%	工傷 單位 0.5%	生育 單位 0.5%	單位繳費合計	個人代扣合計
付野	銷售部	5000.00	5000.00	1000.00	400.00	475.00	104.00	50.00	50.00	600.00	600.00	25.00	25.00	2175.00	1154.00
高懿	銷售部	5000.00	5000.00	1000.00	400.00	475.00	104.00	50.00	50.00	600.00	600.00	25.00	25.00	2175.00	1154.00
何密	銷售部	4000.00	4000.00	800.00	320.00	380.00	84.00	40.00	40.00	480.00	480.00	20.00	20.00	1740.00	924.00
馬暉	銷售部	4000.00	4000.00	800.00	320.00	380.00	84.00	40.00	40.00	480.00	480.00	20.00	20.00	1740.00	924.00
呂蘭	銷售部	4000.00	4000.00	800.00	320.00	380.00	84.00	40.00	40.00	480.00	480.00	20.00	20.00	1740.00	924.00
小計		36500.00	37343.00	7468.60	2987.44	3547.59	782.86	373.43	373.43	4481.16	4481.16	186.72	186.72	16244.21	8624.89
合計		104000.00	98269.00	19653.80	7861.52	9335.56	2041.38	982.69	982.69	11792.28	11792.28	491.35	491.35	42747.02	22677.87

備註：2014年年平均工資56852.00元（4738.00元/月），2015年社保為2843.00～14213.00元（60%～300%），社保繳納基數低於2843.00元的人員按照2843.00元計算補收差額。

附錄二　企業經濟業務對應原始憑證

11-1

中国建设银行客户专用回单

2015年12月10日

付款方户名：重庆鲸咚电子商务有限责任公司
付款方账号：500010936000508889X9
付款方开户行：中国建设银行重庆北碚支行
收款方户名：重庆鲸咚电子商务有限责任公司
收款方账号：500010936000508888X5
收款方开户行：中国建设银行重庆北碚支行
大写金额：人民币柒万柒仟捌佰陆拾柒元柒角整
小写金额：￥77867.70
交易用途：12月工资
受理渠道：
集团交易标志：否
集团交易说明：
第1次打印

业务流水号 2015121018913480

打印日期：2015年12月10日

作付款回单(无银行办讫章无效)　　　复核　　　记账

工會經費、職工教育經費計提表

序號	項目	工資總額	計提比例	計提金額
1	工會經費		2%	
2	職工教育經費		2.5%	
	合計			

13-1

中国建设银行电子缴税付款凭证

转账日期：2015年12月13日　　　　　凭证字号：201512133015821

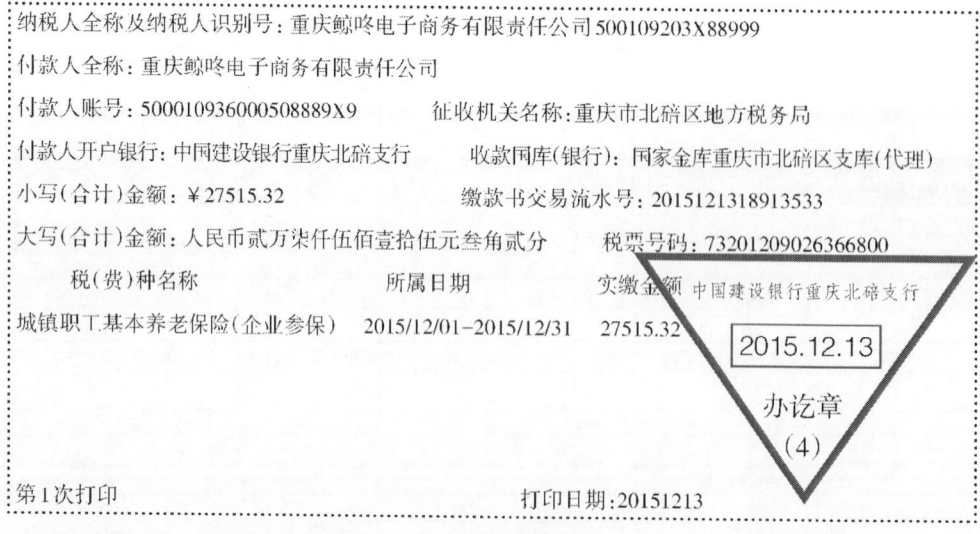

纳税人全称及纳税人识别号：重庆鲸咚电子商务有限责任公司500109203X88999
付款人全称：重庆鲸咚电子商务有限责任公司
付款人账号：500010936000508889X9　　征收机关名称：重庆市北碚区地方税务局
付款人开户银行：中国建设银行重庆北碚支行　　收款国库(银行)：国家金库重庆市北碚区支库(代理)
小写(合计)金额：¥3454.43　　　　　缴款书交易流水号：2015121318913532
大写(合计)金额：人民币叁仟肆佰伍拾肆元肆角叁分　　税票号码：73201209026366869

税(费)种名称	所属日期	实缴金额
个人所得税	2015/12/01-2015/12/31	3454.43

第1次打印　　　　　　　　　　　　　　　　打印日期：20151213

中国建设银行重庆北碚支行
2015.12.13
办讫章(4)

作付款回单(无银行办讫章无效)　　　复核　　　记账

13-2

中国建设银行电子缴税付款凭证

转账日期：2015年12月13日　　　　　凭证字号：201512133015822

纳税人全称及纳税人识别号：重庆鲸咚电子商务有限责任公司500109203X88999
付款人全称：重庆鲸咚电子商务有限责任公司
付款人账号：500010936000508889X9　　征收机关名称：重庆市北碚区地方税务局
付款人开户银行：中国建设银行重庆北碚支行　　收款国库(银行)：国家金库重庆市北碚区支库(代理)
小写(合计)金额：¥27515.32　　　　　缴款书交易流水号：2015121318913533
大写(合计)金额：人民币贰万柒仟伍佰壹拾伍元叁角贰分　　税票号码：73201209026366800

税(费)种名称	所属日期	实缴金额
城镇职工基本养老保险(企业参保)	2015/12/01-2015/12/31	27515.32

第1次打印　　　　　　　　　　　　　　　　打印日期：20151213

中国建设银行重庆北碚支行
2015.12.13
办讫章(4)

作付款回单(无银行办讫章无效)　　　复核　　　记账

13-3

中国建设银行电子缴税付款凭证

转账日期:2015年12月13日　　　　　　　凭证字号:201512133015823

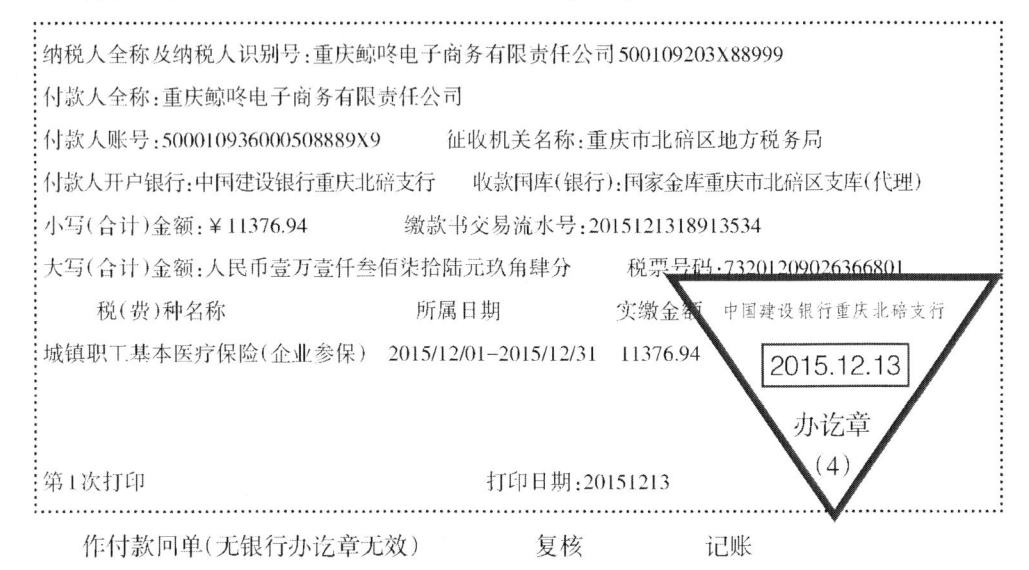

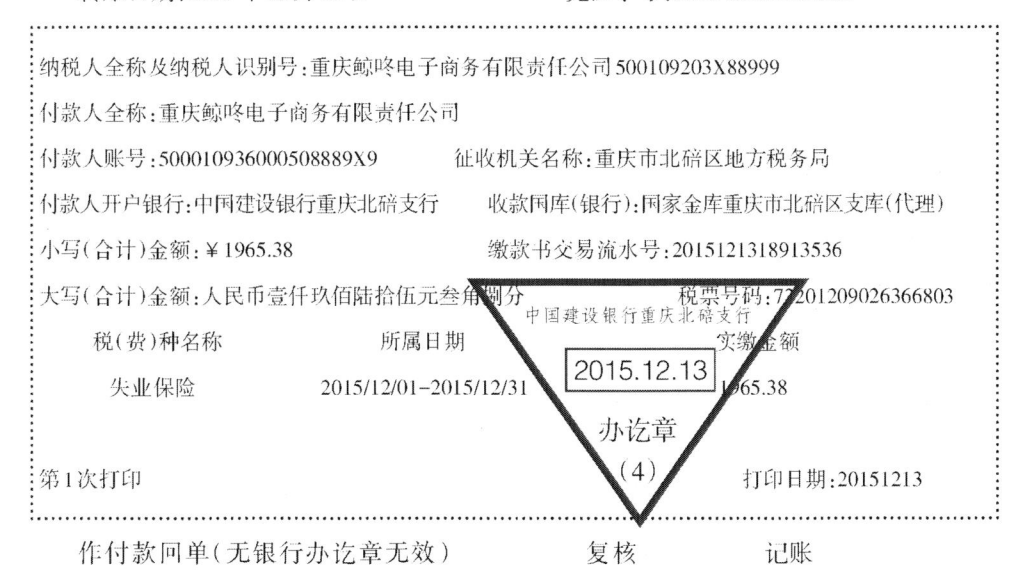

纳税人全称及纳税人识别号:重庆鲸咚电子商务有限责任公司500109203X88999

付款人全称:重庆鲸咚电子商务有限责任公司

付款人账号:500010936000508889X9　　　征收机关名称:重庆市北碚区地方税务局

付款人开户银行:中国建设银行重庆北碚支行　　收款国库(银行):国家金库重庆市北碚区支库(代理)

小写(合计)金额:￥11376.94　　　缴款书交易流水号:2015121318913534

大写(合计)金额:人民币壹万壹仟叁佰柒拾陆元玖角肆分　　税票号码:73201209026366801

税(费)种名称	所属日期	实缴金额
城镇职工基本医疗保险(企业参保)	2015/12/01-2015/12/31	11376.94

第1次打印　　　　　　　　　　　　　　　打印日期:20151213

中国建设银行重庆北碚支行
2015.12.13
办讫章
(4)

作付款回单(无银行办讫章无效)　　　复核　　　记账

13-4

中国建设银行电子缴税付款凭证

转账日期:2015年12月13日　　　　　　　凭证字号:201512133015824

纳税人全称及纳税人识别号:重庆鲸咚电子商务有限责任公司500109203X88999

付款人全称:重庆鲸咚电子商务有限责任公司

付款人账号:500010936000508889X9　　　征收机关名称:重庆市北碚区地方税务局

付款人开户银行:中国建设银行重庆北碚支行　　收款国库(银行):国家金库重庆市北碚区支库(代理)

小写(合计)金额:￥1965.38　　　缴款书交易流水号:2015121318913536

大写(合计)金额:人民币壹仟玖佰陆拾伍元叁角捌分　　税票号码:73201209026366803

税(费)种名称	所属日期	实缴金额
失业保险	2015/12/01-2015/12/31	1965.38

中国建设银行重庆北碚支行
2015.12.13
办讫章
(4)

第1次打印　　　　　　　　　　　　　　　打印日期:20151213

作付款回单(无银行办讫章无效)　　　复核　　　记账

13-5

中国建设银行电子缴税付款凭证

转账日期：2015年12月13日　　　　　　凭证字号：201512133015825

纳税人全称及纳税人识别号：重庆鲸咚电子商务有限责任公司500109203X88999

付款人全称：重庆鲸咚电子商务有限责任公司

付款人账号：500010936000508889X9　　征收机关名称：重庆市北碚区地方税务局

付款人开户银行：中国建设银行重庆北碚支行　　收款国库(银行)：国家金库重庆市北碚区支库(代理)

小写(合计)金额：￥491.35　　　　　　缴款书交易流水号：2015121318913537

大写(合计)金额：人民币肆佰玖拾壹元叁角伍分　　税票号码：73201209026366804

税(费)种名称	所属日期	实缴金额
工伤保险	2015/12/01-2015/12/31	491.35

（中国建设银行重庆北碚支行 2015.12.13 办讫章 (4)）

第1次打印　　　　　　　　　　　　　　　　打印日期：20151213

作付款回单(无银行办讫章无效)　　复核　　记账

13-6

中国建设银行电子缴税付款凭证

转账日期：2015年12月13日　　　　　　凭证字号：201512133015826

纳税人全称及纳税人识别号：重庆鲸咚电子商务有限责任公司500109203X88999

付款人全称：重庆鲸咚电子商务有限责任公司

付款人账号：500010936000508889X9　　征收机关名称：重庆市北碚区地方税务局

付款人开户银行：中国建设银行重庆北碚支行　　收款国库(银行)：国家金库重庆市北碚区支库(代理)

小写(合计)金额：￥491.35　　　　　　缴款书交易流水号：2015121318913538

大写(合计)金额：人民币肆佰玖拾壹元叁角伍分　　税票号码：73201209026366805

税(费)种名称	所属日期	实缴金额
生育保险	2015/12/01-2015/12/31	491.35

（中国建设银行重庆北碚支行 2015.12.13 办讫章 (4)）

第1次打印　　　　　　　　　　　　　　　　打印日期：20151213

作付款回单(无银行办讫章无效)　　复核　　记账

附錄二　企業經濟業務對應原始憑證

13-7

住房公积金汇(补)缴书

2015年12月13日　　　　　　　　　　　　流水号:7652

缴款单位	收款单位
重庆鲸咚电子商务有限责任公司	重庆市住房公积金管理中心
公积金账号:201000800X0	开户行:建行北碚支行 账号:500010936000508889X9

缴交年月	2015年12月	缴交类型	汇缴	缴款方式	直接汇缴
个人缴存额合计	11792.28		单位缴存额合计		11792.28

缴存金额(大写):贰万叁仟伍佰捌拾肆元伍角陆分　　￥23584.56

上月汇缴		本月增加汇缴		本月减少汇缴		本月汇缴	
人数	金额	人数	金额	人数	金额	人数	金额
19	23584.56	0	0	0	0	19	23584.56

复核:　　　　　　制单:杨帆　　　　　　办理机构盖章:建行北碚支行

办理机构:建行北碚支行

14-1

中华人民共和国税收通用缴款书

0660133 国
渝国电
缴(20154)

隶属关系:
注册类型:有限责任公司　填发日期:2015年12月14日　征收机关:重庆市北碚区国家税务局蔡家税务所

缴款单位(人)	代码	500109203X88999	预算科目	编码	101010106
	全称	重庆鲸咚电子商务有限责任公司		名称	私营企业增值税
	开户银行	建行重庆北碚支行		级次	中央75%省市15%县区10%
	账号	500010936000508889X9		收款国库	北碚区支库

税款所属时期2015年11月01日至2015年11月31日　　税款限缴日期　2015年12月15日

品目名称	课税数量	计税金额或销售收入	税率或单位税额	已缴或扣除额	实缴金额
服装		46177.94	17%		￥7850.25

金额合计(大写)人民币柒仟捌佰伍拾元贰角伍分　　￥7850.25

缴款单位(人)(盖章)	税务机关(盖章)	中国建设银行重庆北碚支行 2015.12.14 上列款项已收妥并划转收款单位账户 国库(银行)盖章 办讫章 年 月 日 (4)	备注: 105011140660133 500112006896044108 重庆市北碚区国家税务局办税服务 一般申报　正税
经办人(章)	填票人(章)阳志		

无银行收讫章无效

逾期不缴按税法规定加收滞纳金(手工填开无效)

第一联 收据 国库银行收款盖章后退缴款单位作完税凭证

14-2

中国建设银行电子缴税付款凭证

转账日期:2015年12月14日　　　　　　　　凭证字号:201512143010821

纳税人全称及纳税人识别号:重庆鲸咚电子商务有限责任公司500109203X88999
付款人全称:重庆鲸咚电子商务有限责任公司
付款人账号:500010936000508889X9　　征收机关名称:重庆市北碚区地方税务局
付款人开户银行:中国建设银行重庆北碚支行　　收款国库(银行):国家金库重庆市北碚区支库(代理)
小写(合计)金额:￥942.04　　缴款书交易流水号:2015121418913832
大写(合计)金额:人民币玖佰肆拾贰元零角肆分　　税票号码:73201209026367869

税(费)种名称	所属日期	实缴金额
城建税	2015/11/01-2015/11/30	549.52
教育费附加	2015/11/01-2015/11/30	235.51
地方教育费附加	2015/11/01-2015/11/30	157.01
小计		￥942.04

(中国建设银行重庆北碚支行 2015.12.14 办讫章)(4)

第1次打印　　　　　　　　　　　　　　　　　　　打印日期:20151214

作付款回单(无银行办讫章无效)　　复核　　记账

15-1

差 旅 费 报 销 单

报销部门:人事部　　　　　　　填报日期:2015年12月15日

姓名	钟强		职别		主管		出差事由		业务联系		
出差起止日期自2015年11月18日至11月24日止共7天附单据　张											
日期		起讫地点	天数	机票费	车船费	市内交通费	住宿费	出差补助	住宿节约补助	其他	小计
月	日										
11	18	重庆	7	900.00		100.00	300.00	300.00		50.00	1650.00
11	24	贵阳									
		合计	7	900.00		100.00	300.00	300.00		50.00	￥1650.00

总计金额(大写)⊕万壹仟陆佰伍拾零元零角零分　　预支 8000.00 元　补付＿＿元

负责人:张三　　会计:胡悦　　审核:　　部门主管:　　出差人:钟强

(深圳市通用实业有限公司出品)

附錄二　企業經濟業務對應原始憑證

15-2

中国联合网络重庆市分公司专用发票

纳税人识别号:5009057093753X2　　　　　发票代码250001140078
用户名称:钟强　　　　　　　　　　　　　发票号码05603205
业务号码:133202XXXX6　　　　　　　　　机打号码05603205

项目	金额	项目	金额
本地通话费	150.00		
国内长途费	150.00		
优惠金额	0.00		
本期应收	300.00		
当前积分	0.00		

注:用户如有疑问,请拨打客户服务热线:10010、10011

合计金额(大写):人民币叁佰元整　　　　　　　小写:300.00
上期结余:0.20　　本期结余:0.12　　本期应缴:300.00　　本期实缴:300.00
缴款地点:北碚步行街营业厅　　收款员:38459B　　缴款日期:2015-12-15 16:35:52

15-3

重庆鲸咚电子商务有限责任公司资金往来结算单据

付款单位(人):钟强　　　　2015年12月15日

收款项目	数量	百	十	万	千	百	十	元	角	分
报销冲账					8	0	0	0	0	0
金额合计(小写)		￥			8	0	0	0	0	0
金额合计(大写)	⊕佰⊕拾⊕万捌仟零佰零拾零元零角零分									

第一联记账联

收款单位(盖章):　　　复核:　　　收款人:肖蜀

15-4

收　据

入账日期:2015年12月15日

今收到　钟强现金
金额(大写)⊕佰⊕拾⊕万陆仟零佰伍拾零元零角零分
收款事由报销冲账,原借款8000.00元,退回多余款6050.00

￥6050.00　　**现金收讫**　　收款单位(财务专用章)

核准　　　会计　　　记账　　　出纳　　　经手人

165

16-1

差 旅 费 报 销 单

报销部门:总经办　　　　填报日期:2015年12月15日

姓名	张三	职别	总经理	出差事由	业务联系

出差起止日期自2015年11月20日至11月25日止共6天附单据　张

日期		起讫地点	天数	机票费	车船费	市内交通费	住宿费	出差补助	住宿节约补助	其他	小计
月	日										
11	20	重庆	6	4200.00		150.00	1000.00	1000.00		150.00	6500.00
11	25	贵阳									
						现金付讫					
		合计	6	4200.00		150.00	1000.00	1000.00		150.00	¥6500.00

总计金额(大写)⊕ 万陆仟伍佰零拾零元零角零分　　预支 4000.00 元　补付 2500.00 元

负责人:张三　　会计:胡悦　　审核:　　部门主管:　　出差人:钟强

（深圳市通用实业有限公司出品）

16-2

中国联合网络重庆市分公司专用发票

纳税人识别号:5009057093753X2　　　　　　发票代码 250001140079
用户名称:张三　　　　　　　　　　　　　　发票号码 05603206
业务号码:133202XXXXX6　　　　　　　　　机打号码 05603206

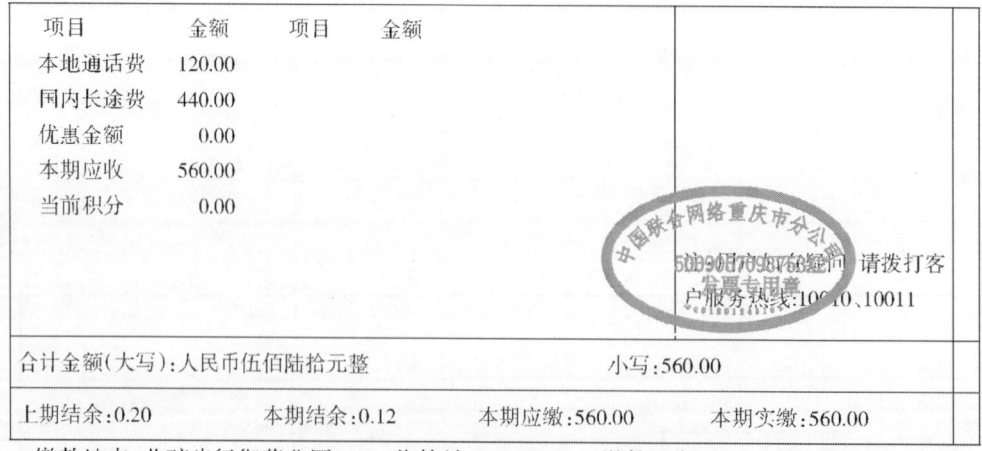

项目	金额	项目	金额
本地通话费	120.00		
国内长途费	440.00		
优惠金额	0.00		
本期应收	560.00		
当前积分	0.00		

合计金额(大写):人民币伍佰陆拾元整　　　　　　小写:560.00

上期结余:0.20　　本期结余:0.12　　本期应缴:560.00　　本期实缴:560.00

缴款地点:北碚步行街营业厅　　收款员:38459B　　缴款日期:2015-12-15 16:35:52

16-3

重庆鲸咚电子商务有限责任公司资金往来结算单据

付款单位(人)：张三　　　　2015 年 12 月 17 日

收款项目	数量	金额									
		百	十	万	千	百	十	元	角	分
报销冲账					4	0	0	0	0	0
金额合计(小写)				¥	4	0	0	0	0	0
金额合计(大写)		⊕佰⊕拾⊕万肆仟零佰零拾零元零角零分								

收款单位(盖章)：　　　　复核：　　　　收款人：肖蜀

17-1

付款申请单

2015 年 12 月 17 日

领用部门	采购部	预支金额	¥ 50000.00
领用人	包鑫	付款归属行	建行	付款方式	网银
用途			
货款			
			(限额　元)
单位负责人签章	张三	财务部门领导签章	郑苑
审核	田晶	备注：	

主办会计(审核)：胡悦　　　　出纳：肖蜀

17-2

中国建设银行客户专用回单

转账日期:2015年12月17日　　　　　　　　　凭证字号:201512173011217

```
支付交易序号:47173368    包发起清算行行号:115653007002    交易种类:BEPS 贷记
接收行名称:中国建设银行重庆北碚支行
收款人账号:500010936000502111X4
收款人名称:重庆Ni休闲装有限公司
发起行名称:中国建设银行重庆北碚支行
汇款人账号:500010936000508889X9
汇款人名称:重庆鲸咚电子商务有限责任公司
货币符号、金额:CNY50,000.00
大写金额:人民币伍万元整
附言:货款
第1次打印                                              打印日期:20151217
```

中国建设银行重庆北碚支行　2015.12.17　办讫章(4)

作付款回单(无银行办讫章无效)　　　复核　　　记账

18-1

现金支票存根(图有改变)

中国建设银
现金支票存
1030500
0157960

附加信息
_____
_____

出票日期 2015年12月18日
收款人:重庆鲸咚电子商务有限责任公司
金额:15000.00
用途:备用金
单位主管　　　会计

附錄二 企業經濟業務對應原始憑證

19-1

重慶鯛咚電子商務有限責任公司固定資產明細表

時間 2015 年 11 月　　　　淨殘值率 3%　　　　折舊方法：年限平均法　　　　單位：元

編號	名稱	使用部門	入帳日期	單位	數量	原幣單價	金額	使用年限	預計淨殘值	月折舊率	月折舊額	已提折舊	已使用月份	淨值
1	房屋（辦公樓）	管理部門	2013年12月	套	1	600000.00	600000.00	20	18000.00	0.40%	2425.00	55775.00	23	544225.00
2	小汽車（寶馬）	管理部門	2013年12月	輛	1	400000.00	400000.00	4	12000.00	2.02%	8083.33	185916.67	23	214083.33
3	麵包車（長安）	銷售部門	2013年12月	輛	1	80000.00	80000.00	4	2400.00	2.02%	1616.67	37183.33	23	42816.67
4	HP電腦	管理部門	2013年12月	台	5	4500.00	22500.00	5	675.00	1.62%	363.75	8366.25	23	14133.75
5	HP印表機	管理部門	2013年12月	台	5	2000.00	10000.00	5	300.00	1.62%	161.67	3718.33	23	6281.67
6	海爾空調	管理部門	2013年12月	台	4	4000.00	16000.00	5	480.00	1.62%	258.67	5949.33	23	10050.67
	合計						1128500.00		33855.00		12909.09	296908.91		831591.09

20-1
5000114140

重庆增值税专用发票(模拟)   No 07136503

此联为销货方记账凭证使用   开票日期：2015年12月21日

购货单位	名　　称：重庆景泰有限责任公司 纳税人识别号：500107XXX777777 地址、电话：重庆市渝北区天河路15-2号　023-688998X9 开户行及账号：中国建设银行重庆渝北支行5000107360005011115X7	密码区	**8〉/*9*01*20+ **8〉/*7*01*00*+ **8〉/*9*01*07*+ **8〉/*0*01*12*+

货物或应税劳务名称	规格型号	单位	数量	单价	金额	税率	税额
运动装	Ad	套	85	400.00	34000.00	17%	5780.00
合计					¥34000.00		¥5780.00

价税合计(大写)	⊕叁万玖仟柒佰捌拾元整	(小写)¥39780.00

销货单位	名　　称：重庆鲸咚电子商务有限责任公司 纳税人识别号：500109203X88999 地址、电话：重庆市北碚区同兴北路116-2号　023-888899X9 开户行及账号：中国建设银行重庆北碚支行5000109360005088889X9	备注	(发票专用章)

收款人：　　　　　复核：　　　　　开票人：胡悦　　　　　销货单位：(章)

20-2

中国建设银行客户专用回单

转账日期：2015年12月21日　　　　　凭证字号：201512213011221

支付交易序号：47173369　　包发起清算行行号：115653007002　　交易种类：BEPS 贷记
接收行名称：中国建设银行重庆北碚支行
收款人账号：5000107360005011111X5
收款人名称：重庆圆通快递公司
发起行名称：中国建设银行重庆北碚支行
汇款人账号：5000109360005088889X9
汇款人名称：重庆鲸咚电子商务有限责任公司
货币符号、金额：CNY650.00
大写金额：人民币陆佰伍拾元整
附言：垫付重庆景泰有限责任公司运费
第1次打印

(中国建设银行重庆北碚支行 2015.12.21 办讫章(4))

打印日期：20151221

作付款回单(无银行办讫章无效)　　　　复核　　　　记账

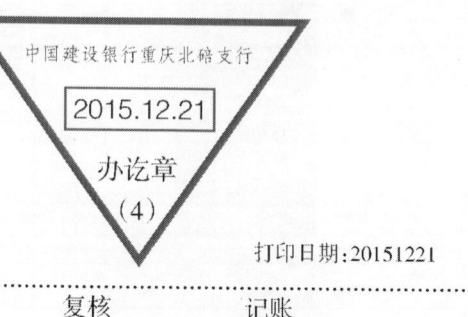

附錄二 企業經濟業務對應原始憑證

21-1
5000114140

重庆增值税专用发票（模拟）　　　No 06236502

此联不得作为抵扣凭证使用　　　开票日期：2015年12月22日

购货单位	名　　称：重庆双锐有限责任公司 纳税人识别号：500109XXX503332 地址、电话：重庆市渝北区华光路15-2号 023-888888X4 开户行及账号：中国建设银行重庆渝北支行50001093600050333XX2	密码区	**8)/*9*01)00+ **8)/*7*01)10+* **8)/*9*01)17+* **8)/*0*01)02+*

货物或应税劳务名称	规格型号	单位	数量	单价	金额	税率	税额
休闲装	Ni	套	150	550.00	82500.00	17%	14025.00
合计					￥82500.00		￥14025.00

价税合计（大写）	⊕玖万陆仟伍佰贰拾伍元整	（小写）￥96525.00

销货单位	名　　称：重庆鲸咚电子商务有限责任公司 纳税人识别号：500109203X88999 地址、电话：重庆市北碚区同兴北路116-2号 023-888899X9 开户行及账号：中国建设银行重庆北碚支行500010936000508889X9

收款人：　　　复核：　　　开票人：胡悦　　　销货单位：（章）

21-2

中国建设银行客户专用回单

转账日期：2015年12月22日　　　凭证字号：201512223011222

支付交易序号：47173370　包发起清算行行号：115653007002　交易种类：BEPS 贷记
接收行名称：中国建设银行重庆北碚支行
收款人账号：500010936000508889X9
收款人名称：重庆鲸咚电子商务有限责任公司
发起行名称：中国建设银行重庆渝北支行
汇款人账号：5000109360005033XX2
汇款人名称：重庆双锐有限责任公司
货币符号、金额：CNY96,525.00
大写金额：人民币玖万陆仟伍佰贰拾伍元整
附言：货款
第1次打印　　　　　　　　　　　　　　　　　　　打印日期：20151222

作付款回单（无银行办讫章无效）　　复核　　记账

22-1
5000114140

重庆增值税专用发票（模拟）　　No 09136501

开票日期：2015年12月23日

购货单位	名　　称：个人
	纳税人识别号：
	地址、电话：
	开户行及账号：

密码区：
**8〉/*9*01〉13+
**8〉/*7*01〉12*+
**8〉/*9*01〉17*+
**8〉/*0*01〉19*+

货物或应税劳务名称	规格型号	单位	数量	单价	金额	税率	税额
运动装	Ad	套	220	420.00	92400.00	17%	15708.00
合计					¥92400.00		¥15708.00

价税合计（大写）：壹拾万零捌仟壹佰零捌元整　　（小写）¥108108.00

销货单位	名　　称：重庆鲸咚电子商务有限责任公司
	纳税人识别号：500109203X88999
	地址、电话：重庆市北碚区同兴北路116-2号 023-888899X9
	开户行及账号：中国建设银行重庆北碚支行500010936000508889X9

收款人：　　复核：　　开票人：胡悦　　销货单位：（章）

22-2

出　库　单

提货单位或部门：　　2015年12月23日

编号	种类	产品名称	型号	规格	出库数量	单位	单价	成本金额 百 十 万 千 百 十 元 角 分
1	库存商品	运动装	Ad		230	套		
合计：								

负责人：　　记账：　　保管员：　　经手人：

附錄二 企業經濟業務對應原始憑證

23-3

中国建设银行客户专用回单

转账日期：2015年12月23日　　　　　　　凭证字号：201512233011223

支付交易序号：47173371　　包发起清算行行号：115653007002　　交易种类：BEPS 贷记
接收行名称：中国建设银行重庆北碚支行
收款人账号：50001093600050888X9
收款人名称：重庆鲸咚电子商务有限责任公司
发起行名称：中国建设银行重庆渝北支行
汇款人账号：50001093600050444XX4
汇款人名称：重庆添猫有限公司
货币符号、金额：CNY108,108.00
大写金额：人民币壹拾万零捌仟壹佰零捌元整
附言：个人用户购买
第1次打印　　　　　　　　　　　　　　　　　　　打印日期：20151223

（中国建设银行重庆北碚支行 2015.12.23 办讫章（4））

作付款回单（无银行办讫章无效）　　　复核　　　记账

23-1

5000114141　　　　　重庆增值税专用发票(模拟)　　　No 07136505

此发票不作报销、扣税凭证使用　　　开票日期：2015年12月23日

购货单位	名　　称：个人 纳税人识别号： 地址、电话： 开户行账号：					密码区	**8)/*9*01⟩00+ **8)/*7*01*10*+ **8)/*9*01*17*+ **8)/*0*01*02*+
货物或应税劳务名称	规格型号	单位	数量	单价	金额	税率	税额
休闲装	Ni	套	100	570.00	57000.00	17%	9690.00
合计					￥57000.00		￥9690.00
价税合计(大写)	⊕陆万陆仟陆佰玖拾元整				(小写)￥66690.00		
销货单位	名　　称：重庆鲸咚电子商务有限责任公司 纳税人识别号：500109203X88999 地址、电话：重庆市北碚区同兴路116-2号 023-888899X9 开户行账号：中国建设银行重庆北碚支行50001093600050888X9					备注	

收款人：　　　复核：　　　开票人：胡悦　　　销货单位：(章)

用税函[2011]313号西安印制有限公司

出 库 单

提货单位或部门：　　　　　2015 年 12 月 23 日

编号	种类	产品名称	型号	规格	出库数量	单位	单价	成本金额									
								百	十	万	千	百	十	元	角	分
1	库存商品	休闲装	Ni		120	套										
合计：																

负责人：　　　　记账：　　　　保管员：　　　　经手人：

三财务记账联

23-3

中国建设银行客户专用回单

转账日期：2015 年 12 月 23 日　　　　　　　　凭证字号：201512233011224

支付交易序号：47173372　包发起清算行行号：115653007002　交易种类：BEPS 贷记
接收行名称：中国建设银行重庆北碚支行
收款人账号：500010936000508889X9
收款人名称：重庆鲸咚电子商务有限责任公司
发起行名称：中国建设银行重庆渝北支行
汇款人账号：50001093600050444XX4
汇款人名称：重庆添猫有限公司
货币符号、金额：CNY66,690.00
大写金额：人民币陆万陆仟陆佰玖拾元整
附言：个人用户购买
第1次打印

中国建设银行重庆北碚支行
2015.12.23
办讫章
(4)

打印日期：20151223

作付款回单（无银行办讫章无效）　　　　复核　　　　记账

附錄二 企業經濟業務對應原始憑證

24-1

中国建设银行客户专用回单

转账日期：2015年12月24日　　　　　　　　　　凭证字号：201512243011224

支付交易序号：47173373　包发起清算行行号：115653007002　交易种类：BEPS 贷记
接收行名称：中国建设银行重庆渝北支行
收款人账号：500010936000508889X9
收款人名称：重庆鲸咚电子商务有限责任公司
发起行名称：中国建设银行重庆渝北支行
汇款人账号：500010736000501115X7
汇款人名称：重庆景泰有限责任公司
货币符号、金额：CNY80,000.00
大写金额：人民币捌万元整
附言：货款
第1次打印　　　　　　　　　　　　　　　　　　打印日期：20151224

（中国建设银行重庆北碚支行 2015.12.24 办讫章 (4)）

作付款回单（无银行办讫章无效）　　复核　　记账

25-1

重庆市地方税务局通用手工发票

发票代码：250002000513
发票号码：03012021

付款单位：重庆鲸咚电子商务有限责任公司　　2015年12月26日

项目内容	金额（百十元角分）	备注
办公用品费	3 2 0 0 0	
合计人民币（大写）⊕叁佰贰拾元整　现金收讫	3 2 0 0 0	

收款单位名称（盖章有效）　　　　　　　　　　开票人：李悦
收款单位税号：50010920XX3X333

（重庆文具用品有限公司 50010920XX3X333 发票专用章）

26-1

增值稅計算表

產品名稱	期初庫存			本期入庫			本期銷售		
	數量	單位成本	金額	數量	單位成本	金額	數量	單位成本	金額
Ad 運動裝									
Ni 休閒裝									
合計									

27-1

增值稅計算表

上月留底稅額	當月銷項稅額	當月進項稅額	當月進項稅額轉出	當月應交增值稅額

27-2

城建稅等計算表

稅種	計稅依據	稅率	應交稅額	備註
城市維護建設稅				
教育費附加				
地方教育費附加				
印花稅				
合計				

28-1　結轉本月所有損益類科目。（無原始票據）

29-1

所得稅計算表

10-12 月累計利潤	所得稅稅率	應交所得稅	備註

30-1　年末將本年利潤的餘額全部轉至利潤分配。（無原始單據）

附錄三　財務報表

附表 3-1　損益表

損　益　表

年　月

編制單位：　　　　　　　　　　　　　　　　　　　　　　　　　　　會工 02 表
單位：元

項目	本期金額	上期金額
一、營業收入		
減：營業成本		
營業稅金及附加		
銷售費用		
管理費用		
財務費用		
資產減值損失		
加：公允價值變動收益（損失以 "-" 號填列）		
投資收益（損失以 "-" 號填列）		
其中：對聯營企業和合營企業的投資收益		
二、營業利潤（虧損以 "-" 號填列）		
加：營業外收入		
減：營業外支出		
其中：非流動資產處置損失		
三、利潤總額（虧損總額以 "-" 號填列）		
減：所得稅費用		
四、淨利潤（淨虧損以 "-" 號填列）		
五、每股收益：		
（一）基本每股收益		
（二）稀釋每股收益		

企業負責人：　　　　　　　財務負責人：　　　　　　　製表人：

附表 3-2　資產負債表

納稅人（蓋章）　　　　　　　　　　　　　　　　　　　　　　　　　　單元：元至角分
會計期間：年　月　日至　月　日　　　　　　　　　　　　　所屬時間　年　月

資產	期末餘額	年初餘額	負債和所有者權益（或股東權益）	期末餘額	年初餘額
流動資產：			流動負債：		
貨幣資金			短期借款		
交易性金融資產			交易性金融負債		
應收票據			應付票據		
應收賬款			應付帳款		
預付款項			預收款項		
應收利息			應付職工薪酬		
應收股利			應交稅費		
其他應收款			應付利息		
存貨			應付股利		
一年內到期的非流動資產			其他應付款		
其他流動資產			一年內到期的非流動負債		
流動資產合計			其他流動負債		
非流動資產：			流動負債合計		
可供出售金融資產			非流動負債：		
持有至到期投資			長期借款		
長期應收款			應付債券		
長期股權投資			長期應付款		
投資性房地產			專項應付款		
固定資產			預計負債		
在建工程			遞延所得稅負債		
工程物資			其他非流動負債		
固定資產清理			非流動負債合計		
生產性生物資產			負債合計		
油氣資產			所有者權益（或股東權益）：		
無形資產			實收資本（或股本）		
開發支出			資本公積		
商譽			減：庫存股		
長期待攤費用			盈餘公積		
遞延所得稅資產			未分配利潤		
其他非流動資產			所有者權益（或股東權益）合計		
非流動資產合計					
資產總計			負債和所有者權益（或股東權益）總計		

企業負責人：　　　　　　　　　財務負責人：　　　　　　　　　製表人：

附錄三　財務報表

國家圖書館出版品預行編目（CIP）資料

中國電商企業帳務實訓項目 / 雷佩垚 主編. -- 第一版.
-- 臺北市：崧博出版：崧燁文化發行, 2019.06
　　面；　公分
POD版

ISBN 978-957-735-884-4(平裝)

1.電子商務 2.企業管理 3.財務管理 4.中國

490.29　　　　　　　　　　　　　108008563

書　　名：中國電商企業帳務實訓項目
作　　者：雷佩垚 主編
發 行 人：黃振庭
出 版 者：崧博出版事業有限公司
發 行 者：崧燁文化事業有限公司
E - m a i l：sonbookservice@gmail.com
粉 絲 頁：　　　　　網　址：
地　　址：台北市中正區重慶南路一段六十一號八樓815室
8F.-815, No.61, Sec. 1, Chongqing S. Rd., Zhongzheng
Dist., Taipei City 100, Taiwan (R.O.C.)
電　　話：(02)2370-3310　傳　真：(02) 2370-3210
總 經 銷：紅螞蟻圖書有限公司
地　　址：台北市內湖區舊宗路二段 121 巷 19 號
電　　話：02-2795-3656 傳真：02-2795-4100　　網址：
印　　刷：京峯彩色印刷有限公司（京峰數位）
　　本書版權為西南師範大學出版社所有授權崧博出版事業股份有限公司獨家發行
　　電子書及繁體書繁體字版。若有其他相關權利及授權需求請與本公司聯繫。

定　　價：300元
發行日期：2019 年 06 月第一版
◎ 本書以 POD 印製發行